십 대를 위한

영화 속
로봇인문학
여행

십 대를 위한
영화 속 로봇 인문학 여행

초판 1쇄 발행 2020년 11월 30일
초판 4쇄 발행 2022년 1월 3일

지은이 전승민
그린이 박선하
펴낸이 이지은 **펴낸곳** 팜파스
기획편집 박선희 **마케팅** 김서희, 김민경
디자인 조성미
인쇄 케이피알커뮤니케이션

출판등록 2002년 12월 30일 제10-2536호
주소 서울특별시 마포구 어울마당로5길 18 팜파스빌딩 2층
대표전화 02-335-3681 **팩스** 02-335-3743
홈페이지 www.pampasbook.com | blog.naver.com/pampasbook
이메일 pampas@pampasbook.com

값 13,800원
ISBN 979-11-7026-374-6 (43550)

이 도서의 국립중앙도서관 출판시도서목록(CIP)은 서지정보유통지원시스템 홈페이지(http://seoji.nl.go.kr)와 국가자료공동목록시스템(http://www.nl.go.kr/kolisnet)에서 이용하실 수 있습니다.(CIP제어번호: CIP2020045874)

십 대를 위한

영화 속 로봇인문학 여행

전승민 지음

팜파스

본래 제 직업은 과학 기술 분야 전문 기자입니다. 국내 과학 기술계 현장을 찾아가 취재하고, 그 소식을 뉴스로 전하는 일이 저의 주된 업무였지요. 지금은 '저술가'라는 이름으로 책을 쓰거나 여러 매체에 글과 기사를 보냅니다만, 여전히 제 본업은 기자라고 생각합니다.

기자 일을 하는 내내 가장 공을 들여 취재했고, 또 지금도 들이고 있는 분야는 다름 아닌 로봇 기술입니다. 주위 기자들에게 '로봇에 미쳐서 다른 일은 돌아보지 않는다'며 시기 섞인 힐난도 꽤 여러 번 들었던 기억이 납니다. 그렇게 다른 이들의 구박(?)을 견디며 오랫동안 취재해 모은 정보가 어느덧 몇 권의 책이 되었습니다. 한국 최초, 그리고 대표적인 휴머노이드(인간형) 로봇 '휴보'에 관해서는 10여 년 이상 취재해 두 권의 저서를 남길 수 있어 다행스럽게 생각하고 있습니다.

가끔 운이 좋아 학생이나 대중에게 '로봇'을 주제로 강연하는 날이 있습니다. 강연이 끝날 때마다 질문을 받는데, 가장 자주 등장하는 질문은 역시 '혹시 로봇이 인간에게 반항하면 어떻게 하느냐?'입니다. 물론 이런 질문은 로봇이라기보다 인공지능에 대한 질문으로 봐야 합니다만, 이럴 때는 알고 있는 내용을 최대한 설명하며, 함께 정답을 찾기 위해 노력합니다.

만약 순수하게 '로봇 기술'만 놓고 이야기한다면 주로 어떤 질문이 나올까요. "미래에는 어떤 로봇이 등장할까?", "(만약 당신에게 충분한 기술이 있다면) 가장 먼저 개발하고 싶은 로봇은 어떤 것인가?", "우리 집 궂은일을 도맡아 주는 가사도우미 로봇은 언제쯤 등장할까?" 같은 질문이 가장 흔했습니다. 미래가 되면 로봇이 우리 사회로 들어올 거라고 믿는 사람이 많았고, 그래서 그 형태나 시기를 궁금해 했습니다.

미래의 모습을 정확히 알 수 있는 사람은 아무도 없겠지요. 하지만 '미래에 이런 로봇이 등장했으면 좋겠다'는 상상은 누구나 쉽게 할 수 있습니다. 그리고 이런 상상이 모이면 마침내 미래가 바뀌어 갑니다. 미래란 결국 우리 인간이 만들어 가는 것이니까요. 많은 사람의 상상 속 세상을 엿볼 수만 있다면, 우리가 살아갈 미래에 등장할 로봇의 모습도 어느 정도 알 수 있을 것 같습니다.

이 책은 흥미로운 영화를 통해, 평소에 잘 알지 못했던 여러 가지 과학 기술 이야기를 자연스럽게 접할 수 있으면 좋겠다는 저자의 작은 욕심에서 시작되었습니다. 그래서 최대한 알기 쉽고, 또 읽기 쉽게 쓰려고 노력했습니다. 하지만 다양한 로봇 기술, 미래의 첨단기술을 소개하려는 본래의 목적도 소홀히 하지는 않았습니다.

▶ ▶

허구의 이야기인 영화를 두고 미래 기술을 논하는 것을 바람직하지 않다고 생각하는 분들도 종종 만납니다. 그래서 영화 속 이야기 중 어떤 부분이 허구이고, 어떤 점이 과학적으로 타당한지를 정리해 보면 좋겠다고 생각했습니다.

영화나 로봇, 둘 중 한 가지 이상에 관심이 있는 중학생 이상의 독자분이라면 누구든 이 책은 마음 편하게 읽을 수 있을 것입니다. 영화 속에서 보는 수많은 로봇 기술이 과연 얼마나 현실성이 있는지, 어떤 점이 비과학적인 영화적 설정이며, 어떤 점이 미래 사회에 등장할 첨단기술인지를 차근차근 생각해 볼 수도 있을 겁니다. 뿐만 아니라 과학 기술에 대한 적지 않은 상식 또한 쌓일 것입니다. 이 한 권의 책이, 로봇과 함께 미래를 살아가야 할 여러분에게 작은 도움이 된다면 진심으로 기쁠 것 같습니다.

영화 스크린이 있는 작은 서재에서. 전승민 올림.

차례

Theater 01

영화로 이야기하는 '로봇의 정의'

Theater 02

영화 속 로봇으로 보는 미래의 '과학 기술'

Theater 03

영화, 과학과 허구 사이에서 상상의 나래를 펼치다

Theater 04

'생각하는 로봇'은 사람의 적일까, 친구일까?

Theater 05

영화로 살펴보는 미래의 '로봇 사회'

영화로 이야기하는 '로봇의 정의'

로봇이라는 단어는 첨단 과학 기술의 상징과도 같습니다. 과학 기술이 고도로 발전한 현대에도 제대로 된 고성능 로봇 한 대를 만드는 건 정말로 어려운 일입니다.

로봇이란 도대체 어떤 존재일까요? 명확한 기술적 기준이 있기는 합니다. '관절이 두 개 이상 붙어 있어야 한다' '기계장치를 자동으로 움직일 수 있어야 한다' 같은 기술적 기준이 국제공업규격으로 정해져 있지요.

그런데 우리가 '로봇'이란 말에 떠올리는 이미지는 그런 기술적 기준과는 거리가 멉니다. 로봇에 대한 '기술적 기준'이 사람들이 받아들이는 '문화적인 기준'과 큰 차이가 있는 것이죠. 그리고 우리가 생각하는 '로봇의 정의'에 영화가 미친 영향은 절대 적지 않습니다.

영화와 로봇에는 어떤 관련이 있을까요? 로봇 기술이 등장하고 발전하는 과정에서 영화가 어떤 역할을 했을까요? 로봇이란 어떤 것이고, 그런 로봇의 정의를 영화에서는 어떻게 해석하고 있을까요? 영화를 통해 그런 것을 살피는 것이 과연 가능할까요?

첫 번째 장(Theater 01)에서는 사람들이 영화 속에서 로봇을 어떻게 생각하는지, 영화에서 생각한 로봇의 기준은 어떤 것들이 있는지를 짚어 보았습니다. 기술적 차이점을 비롯해, 영화에서 그려 낸 로봇은 현실의 로봇 기술과 어떤 점이 다른지를 하나씩 짚어 보는 시간이 되었으면 합니다.

⟨메트로폴리스⟩

아주 먼 옛날에는 당연히 영화라는 것이 없었습니다. 영화는 기계장치로 영상을 촬영하고, 그것을 편집하는 과정을 거쳐 많은 사람에게 공개됩니다. 길고 긴 인간의 역사 중에서 이런 기계장치를 개발한 지는 사실 얼마 되지 않았습니다.

ㄴ 영화 ⟨열차의 도착⟩ 포스터

그렇다면 세계 최초의 영화는 어떤 것일까요. 시각이나 기준에 따라 여러 의견이 많습니다만, 영사기를 사용한 최초의 영화는 1895년에 대중에 공개된 ⟨열차의 도착⟩이라는 작품입니다. 이 영화는 프랑스의 기계 개발자인 '뤼미에르 형제'가 만들었지요. 자신들이 개발한 촬영 장비를 이용해 열차가 기차역으로 들어서는 장면을 찍은 50초짜리 아주 짧은 영상입니다.

이 영화는 요즘 기준으로 소위 '움짤' 수준도 못 되는 조악한 영상입니다. 하지만 일평생 '사진이나 그림이 움직인다'는 생각을 못 해 본 당시 사람들은 이 짧은 영상에 엄청난 충격을 받았습니다. 뤼미에르 형제는 프

ㄴ 뤼미에르 형제

랑스의 한 야외 카페에서 이 영상을 소개했습니다. 영상을 보던 사람들은 갑자기 어디서 나타났는지도 모를 열차가 자신들을 향해 다가오니 너무도 놀랐습니다. 그래서 "열차가 우리에게 달려온다. 열차가 우리를 덮친다!"라고 외치며 사방으로 도망을 갔지요. 당시 사람들에게 이 짧은 영화가 요즘 유행하는 '가상현실 입체영상' 이상의 생동감을 전해 준 것만은 확실한 것 같습니다.

영화 기술은 점점 발전합니다. 영화에 소리를 녹음해 동시에 들려주는 영화, 즉 소리가 있는 유성영화(有聲映畫)는 1901년에 처음 등장합니다. 최초의 영화가 등장하고 불과 6년 만에 사람들은 소리를 녹음해 들려주는 방법을 고안한 것입니다. 이른바 기초 기술이 있을 경우 과학 기술이 얼마나 빨리 발전하는지를 알 수 있는 사례이지요.

유성영화 이전에는 그냥 움직이는 영상만 보여 주었답니다. 소리를 듣지 않고 어떻게 영화의 줄거리를 알 수 있냐고요? 감독이 영상만으

로 이해되도록 여러 가지 배려를 합니다. 짧은 자막을 넣거나 '변사'라고 불리는 사람이 무대 뒤에서 마이크를 들고 줄거리를 설명했습니다.

유성영화를 만드는 기술은 1901년에 나왔지만, 이것이 널리 퍼진 건 1900년대 중반을 넘어서입니다. 여러분의 할아버지, 할머니 가운데 극장에서 소리가 없는 '무성영화(無聲映畫)'를 본 분도 계실 것입니다. 그때는 변사가 "자 보시라, 보시라, 이다지도 슬픈 주인공이 신정을 알겠는가~~~!"와 같은 낯 뜨거운 대사를 외쳐 주곤 했지요. 지금 생각하면 굉장히 촌스럽고 어색합니다만, 그 시절엔 그런 감성이 인기가 있었습니다.

참고로 최초의 컬러영화가 등장한 것은 유성영화 기술이 개발되고 1년 후인 1902년이었습니다. 하지만 컬러영화 제작 기술도 1900년대 중반에야 널리 퍼집니다. 두 시간 남짓한 이른바 '장편영화' 중 컬러로 제작된 최초의 영화는 1938년 미국에서 개봉된 〈스윗하츠〉였습니다.

흑백 무성영화 시절에도 로봇 영화가 있었다고?

최초의 '로봇 영화'는 어떤 것이었을까요? 1927년 1월 10일 독일에서 개봉된 영화 〈메트로폴리스(Metropolis)〉를 꼽는 사람들이 많습니다. 이 시절에는 컬러영화도, 유성영화도 아직 흔하지 않았습니다.

당연히 이 영화는 흑백영화이면서 무성영화였지요. 이런 시절에 '로봇'을 주제로 영화를 만들었다는 사실을 보면, 사실상 로봇은 영화의 역사가 시작되고 나서부터 줄곧 함께했던 친구인 셈입니다. 이런 역사적 사실을 인정받아서 이 영화는 독일 표현주의를 대표하는 영화로 여겨집니다. 2011년에는 유네스코 세계기록유산에 등록되기도 했지요. 문화적 가치가 아주 높은 영화랍니다.

영화 〈메트로폴리스〉는 당시로선 대단히 큰 포부를 가지고 대대적인 투자를 한 작품이었습니다. 연출자는 프리츠 랑(Fritz Lang) 감독으로 기록돼 있네요. 총 상영 시간이 2시간 33분에 달합니다. 요즘에도 찾아보기 힘든 장편영화인 셈입니다. 영화 촬영을 위해 대규모 세트장을 여러 개 제작했고, 아주 많은 단역배우(엑스트라)도 고용했지요. 제작 기간만 1년 6개월이 넘었다고 합니다.

이런 작업을 하려다 보니 510만 마르크(독일의 과거 화폐, 현재 독일은 주변 나라와 같이 '유로화'를 사용합니다)를 투입했답니다. 현재로 따져도 몇십억 원이 넘는 비용으로, 그간 영화제작 비용이 점점 오른 것을 감안하면 실로 막대한 제작비였던 셈입니다. 이 정도면 흔히 말하는 '블록버스터 영화'에 들어가고도 남을 것 같습니다. 즉 최초의 로봇영화 〈메트로폴리스〉는 최초의 블록버스터 영화이기도 한 셈입니다.

그러나 이 영화는 개봉 당시 그리 인기를 끌지 못했습니다. 큰 재미가 없었는지 흥행에 실패해서 투자한 회사가 결국 파산했다는 말도 들은 적이 있습니다. 흥행에 왜 실패했는지는 특별한 기록이 없어서 알 수 없습니다. 하지만 제가 영화를 몇 차례 보면서 생각해 보니, 작

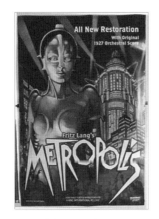

└ 영화 〈메트로폴리스〉 포스터

품성에만 너무 치중한 것 같더군요. 많은 관객이 원하는 흥행성 높은 줄거리를 넣지 않은 것이 원인이 아닐까 싶습니다.

그러나 엄청난 공을 들여서 만들었고, 개봉한 지 거의 100년에 다다르는 지금에 와서도 높은 평가를 받는 영화인 것은 확실합니다. 다만, '재미있는 영화를 보고 싶다'는 관객의 기대에도 어느 정도 부응했다면 어땠을까 하는 아쉬움도 듭니다.

완벽한 휴머노이드, 여성형 '안드로이드'가 나오다

이 영화에는 그 누구도 로봇임을 알아보지 못할 정도로 인간과 똑같은 외모를 가진 여성형 로봇이 등장합니다. 영화 속에 마리아라는 여성이 나오는데, 그 여성과 똑같이 생긴 로봇, 즉 '로봇 마리아'를 만들면서 이야기가 진행됩니다. 로봇 마리아는 인간을 닮은 '휴머노이드' 로봇 중에서도 '안드로이드' 형태, 즉 완전히 사람처럼 생긴 로봇입니다. 이 로봇은 사람처럼 연기하며 주위 사람들을 완전히 속일 수 있습니다. 사람 이상으로 똑똑한 인공지능을 갖춘 로봇이지요.

영화가 만들어진 시기는 제1차 세계대전이 끝나고, 제2차 세계대전이 본격적으로 벌어지기 전 소강상태였던 시절입니다. 미국 중심의 자본주의 진영과, 소련(현재 러시아)이 중심인 공산주의 진영의 신경전도 적지 않았지요. 영화에도 그런 사회 분위기가 반영된 것으로 보였습니다.

영화는 욕심이 많고 부유하게 사는 사람들과 착취당하며 일하는 사람들이 서로 싸우는 모습을 그려 냅니다. 부자들은 대부분 지상에 살고 있습니다. 지하에 사는 사람들은 도시를 유지하기 위해 공장에서 계속 일을 하지요. 인간 여성 마리아는 지하 세계 사람이지만, 우연찮은 기회에 도시의 통치자 '프레드슨'의 아들 '프레더'와 만납니다. 그리고 지하에서 일하는 사람들이 모두 비참한 생활을 한다는 사실을 전해 줍니다. 이 사실에 충격을 받은 프레더는 아버지에게 지하에 사는 사람들의 생활을 개선해야 한다고 주장하지요.

인간 마리아는 지상과 지하의 사람들이 화목하게 지내야 한다고 생각했습니다. 서로 정보를 주고받고, 이야기를 나누면 사이좋게 지낼 수 있다고 믿었지요. 그러나 마리아의 이런 계획을 알게 된 과학자 '로트방'은 인간 마리아와 꼭 닮은 로봇을 만들어 지하로 내려 보냅니

└ 영화 〈메트로폴리스〉의 한 장면

다. 한마디로 '로봇 마리아'는 진짜 마리아 대신 지하 세계 사람들을 선동하고 혼란을 일으키는 '스파이'입니다. 하지만 이 계획은 노동자들이 가짜 마리아(로봇)의 정체를 알아내면서 실패로 돌아갑니다. 프레더가 노동자들과 아버지 사이의 중재자가 되어 화해를 끌어낸다는 것이 이 영화의 줄거리입니다.

새삼 써 놓고 보니, 오락 영화로 보기엔 주제가 너무 무겁다는 느낌도 듭니다. 로봇을 매개로 삼지만, SF 영화라기보다는 미래 사회에 생길지 모를 사회 구조의 부조리함을 지적하는 철학 영화에 가깝네요. 미래를 배경으로 쓴 고전 같은 느낌도 받았습니다.

이 영화에 등장하는 '로봇 마리아'는 진짜 여주인공 '마리아'를 복제한 인조인간입니다. 영화 초반에 로봇 마리아의 개발 모습이 나와서 금속으로 구성된 몸체를 볼 수 있습니다. 지금 보아도 촌스럽지 않고 미려한 모습입니다.

본격적인 메카닉(기계) 디자인이 생겨난 것은 어림잡아 1950년대 이후입니다. 그 이전에는 '로봇처럼 보이면 됐지.'라고 생각했는지 영화에는 거의 깡통처럼 생긴 로봇이 등장하지요. 그런 사실을 떠올리면 로봇 마리아의 디자인은 정말 시대를 몇 단계는 앞서갔다는 생각이 듭니다.

영화 〈메트로폴리스〉 속 세상은 '100년 후 미래'를 그리고 있습니다. 영화가 1927년에 개봉됐으니, 영화 속 배경은 2027년 정도일까요. 2020년인 지금, 몇 년 이내에 마리아만큼 고성능 인공지능과 로봇이 등장하기는 어려워 보입니다. 하지만 1920년대 사람들이 로봇의 미래를 이 정도로 멀리 내다봤다는 점은 굉장히 칭찬할 만합니다.

저는 이 영화를 여러 번 보았지만, 볼 때마다

▶ ▶

1927년이라는 제작 시기가 무색하게 느껴집니다. 영화에 깔린 풍부한 상상력, 로봇을 스파이(?)로 활용할 수 있다는 아이디어, 세련된 로봇 디자인, 미래 도시의 모습 등을 90년 전에 생각해 냈다는 것 자체가 놀랍기만 합니다. 특히 영화 속 도시 모습은 현재의 모습과 비교해도 전혀 촌스럽게 느껴지지 않습니다.

사실 많은 SF(사이언스 픽션) 영화를 보면 미래의 모습을 너무 파도하게 표현해서 도리어 촌스럽게 느껴지는 일이 많습니다. 예를 들어 1987년에 개봉한 영화 〈로보캅〉 1편을 보면, 첨단 미래의 모습을 그리고 싶었는지, 당시에는 없던 TV 모니터가 붙어 있는 전화기가 나옵니다. 이미 미래가 된 현시대에 스마트폰을 쓰며 사는 우리가 보기에 그 TV전화기는 굉장히 촌스럽고 어이없게 생긴 물건이지요.

〈메트로폴리스〉는 그런 느낌이 거의 없습니다. 어느 시대에나 있을 법한 빌딩과 도시, 공장 등을 시각적으로 아름답게 묘사해 냅니다. 컴퓨터 그래픽은커녕 제대로 된 촬영 장비조차 없는 시절에 이 정도의 영상미를 구현했다는 점이 경이롭게 느껴지기까지 합니다.

개인적으로 아쉬운 점은, 영화 〈메트로폴리스〉에 로봇 마리아가 기술적으로 어떻게 만들어졌는지, 로봇의 동작 원리 등이 거의 언급되지 않는다는 점입니다. 그러니 기술적으로 옳냐, 그르냐를 설명하기도 어려울 것 같습니다. 만약 이 영화가 기술적 고증을 거쳐 제작되고, 그에 대한 영화적인 설명 등을 볼 수 있었다면, 그 시절의 사람들이 로봇 기술 중 어떤 점을 중요시했는지 정도는 되짚어 볼 수 있었을 테니까요.

참고로 당시 영화 포스터 복사본은 현재 단 4장만 남아 있다고 합니다. 하나는 뉴욕 현대미술관에, 또 하나는 베를린 영화박물관에 보관돼 있습니다. 나머지 2장은 개인이 소유하고 있다는군요. 그중 하나가 얼마 전 경매에 나왔는데 거래 가격이 69만 달러였습니다. 한국 돈으로는 약 8억 원 정도입니다. 한국에서도 이 '로봇 마리아'의 모형을 직접 볼 수 있습니다. 서울 혜화역 근처 로봇박물관에 전시돼 있으니 구경해 봐도 좋을 것 같습니다.

영화 〈메트로폴리스〉는 이미 90년 전 걸작으로 역사에 남은 기록물입니다. 모든 것을 제쳐 두고, 최초의 로봇 영화라는 점 하나만으로도 로봇을 좋아하는 사람들은 꼭 한번 보기를 바랍니다. 저작권 문제가 풀렸는지, 누구나 유튜브(YouTube) 사이트에서 검색하면 이 영화를 감상할 수 있습니다. 과거의 무성영화는 어떤 방식이었는지, 최초의 영화 속 '로봇 마리아'는 어떻게 묘사됐는지를 쉽게 확인할 수 있을 것입니다. 영화 속 로봇의 시작, 마리아를 볼 만한 가치는 그것만으로도 충분하지 않을까요.

"이 로봇은 이름이 뭔가요?"

"로봇? 너 지금 로봇이라고 했니? 이걸 어떻게 로봇이라고 부를 수가 있어. 로봇은 철인 28호 같은 걸 말하는 거야."

속칭 '마니아(Mania)'로 불리는 애니메이션 애호가들은 별반 차이도 없어 보이는 로봇을 엄격하게 구분하는 일이 많습니다. 그 기준을 다르게 쓰면 이에 대해 지적하기도 하지요. 대표적인 예가 일본의 만화 영화(애니메이션) 시리즈 〈건담〉 속 로봇입니다. 이 작품에선 사람이 탑승하는 인간형 전투 장비가 나오는데 이것을 로봇이라고 하지 않고 '모빌 슈트'라고 부릅니다. 제 친구 중에 〈건담〉 마니아가 한 명 있는데, 건담을 로봇이라고 불렀다가 혼이 난 기억이 있습니다.

아시다시피 영어 '슈트(Suit)'는 본래 '상의와 하의를 같은 천으로 만든 한 벌의 의복'이란 뜻입니다. 그러니 경찰이나 군인 등이 입는 제복, 즉 전투복이라는 뜻도 생겼지요. 그러다가 천이 아니라 기계장치를 몸에 둘러도 슈트라고 부르는 경우가 생겨났습니다. 영화 〈아이언맨〉에 등장하는 착용형 로봇도 슈트라고 부르고, 스파이더맨이 입는 쫄쫄이옷도 슈트라고 부른답니다.

└ 미국 항공우주국(NASA)에서 달 착륙 당시, 아폴로 우주선의 우주비행사 버즈 올드린이 입은 아폴로 A7L 우주복. 영어로 '스페이스 슈트'라고 부른다

〈건담〉 마니아들이 건담을 '모빌 슈트'라고 부르는 것에 개인적으로 동의하기 힘든 부분이 많지만 그 이유를 꼼꼼히 따져 보면 이해되는 부분도 꽤 있습니다. 〈건담〉에 나오는 인간형 전투 기기들은 사람이 탑승해서 직접 조종해야만 움직입니다. 즉 전투복의 개념처럼 쓰이니 슈트라는 표현이 적합하다는 것입니다. 여담이지만 〈건담〉에서는 용어의 혼동을 피하고자, 몸에 입는 우주복은 '노말 슈트'라고 부르더군요.

이런 구분은 학술적으로도 어느 정도 사실로 보입니다. 로봇이라는 단어를 쓸 수 있는 기준은 국제공업규격(ISO)에 정해져 있습니다. 여기에 따르면 로봇은 자유도가 2개 이상으로 (프로그래밍 등을 통해) 자율적으로 움직이는 기계장치라고 규정합니다. 따라서 아무리 복잡한 기계장치라고 해도, 컴퓨터 장치 등을 통해 자율적으로 움직이지 않으면 로봇이라고 부르지 않는다는 거지요.

▶ ▶

그런데 건담과 같은 기계장치를 움직이는 데 자동화 기술이 안 쓰일 수 없지요. 예를 들어, 로봇을 보고 '주먹 지르기를 하라'는 명령을 한다고 가정해 봅시다. 그럼 로봇의 팔만 쓱 내밀고 끝나는 일이 아닙니다. 강한 일격을 가하려면 발도 한 걸음 나가야 하고, 어깨의 높이를 바꾸면서 균형을 유지해야 합니다. 그런 것까지 사람이 일일이 키보드로 명령을 내렸다가는 주먹을 내지르는 데 한나절이 걸릴지도 모릅니다. 다시 말해, 사람은 페달을 밟거나 스위치 하나를 누르는 것으로 명령을 끝내야 하고, 로봇은 모든 동작을 자동으로 해치워야 합니다. 사람이 안에 타고 있다고 해서 '자율적이지 않다'고 판단하는 건 다소 무리가 있다는 것입니다.

자율성, 로봇을 가르는 중요한 기준이 되다

그렇다면 〈건담〉 마니아들이 '로봇은 철인 28호 같은 것'이라고 구분하는 까닭은 뭘까요. 철인 28호는 사람이 탑승하지 않고 무선조종 (RC)으로 움직인 것 같더군요. 그 생각의 바탕은 이렇습니다. "철인 28호는 사람이 직접 탑승하지 않는다. 휴대용 조종장치로 로봇을 제어하는 데 한계가 있을 것이다. 그러니 철인 28호는 자율제어 기능이 있을 것이다."

로봇을 구분하는 기준은 사람마다 차이가 있고, 영화나 만화 속 로봇들이 저마다 조금씩 '로봇'이라고 부르기에 꺼려지는 설정들이 있습니다. 〈건담〉 마니아들의 기준대로라면 반드시 사람이 탑승하는

└ 영화 〈철인 28호-백주의 잔월〉의 한 장면

▶ ▶

〈에반게리온〉이나 〈마징가Z〉도 로봇이라고 부르면 안 되겠지요. 하지만 철인 28호만큼은 진짜 로봇이라는 데 이견이 없을 것입니다. 영화나 만화 속 보통명사 '로봇'을 대표하는 존재가 바로 '철인 28호'라고 한다면 조금 과장된 표현일까요.

요즘에는 거대한 로봇을 무선으로 조종한다고 생각하기 어렵지만, 1950년대에는 탑승형 로봇이라는 개념이 아예 없었습니다. 〈철인 28호〉의 원작자는 거대한 로봇을 어떻게 조종할까를 수없이 고민했을 겁니다. 그리고 나름의 해답으로 무선조종 로봇을 내놓지 않았을까 생각됩니다. 참고로 최초의 탑승형 로봇으로 꼽히는 〈마징가Z〉는 1972년에 방영됐답니다.

〈철인 28호〉는 본래 만화책으로 먼저 출간됐습니다. 1956년에 월간 만화잡지 「쇼넨」에 연재되고 인기를 끌자 만화영화로 만들어졌지요. 흑백 TV 시리즈물로 처음 등장한 것은 1962년입니다. 그전에도 몇몇 만화에 거대한 로봇이 나오긴 했지만, 주연급으로 등장한 로봇은 철인 28호가 세계적으로도 처음이었습니다. 〈건담〉은 1979년에 나왔으니 거의 한 세대를 앞섰네요. 비록 작품에 등장하는 로봇입니다만, 인간이 상상력을 동원해 만든 최초의 '거대 로봇'이, 로봇이라는 칭호를 붙이기에 가장 적합한 '무선조종' 형태였다는 사실은, 아마도 우연이었겠지만 꽤 의미 있게 느껴졌습니다.

이후로도 철인 28호는 TV 드라마, TV 애니메이션 등으로 제작되며 큰 인기를 얻어왔지요. 2005년엔 극장용 영화 〈철인 28호(도가시 신 감독)〉로 제작되었지요. 2007년에 극장용 애니메이션 영화 〈철인

28호 백주의 잔월(이마가와 야스히로 감독)〉역시 개봉됐습니다. 2008년엔 철인 28호를 주제로 한 연극도 공연되었고, 2010년엔 이 연극을 실사 영상작품으로 만든 〈28 1/2 망상의 거인(오시이 마모루 감독)〉도 제작되었습니다. 이 정도면 일본의 국민 캐릭터로 불러도 좋지 않을까 생각됩니다.

└ 영화 〈철인 28호〉 포스터

철인 28호는 동글동글하고 귀여운 외모에 육중한 체구에다 (원격조종장치를 들고 있다는 설정 때문에) 로봇끼리 격투를 벌일 때면 주인공 탐정 소년이 언제나 로봇을 관객의 시점에서 바라봐야 합니다. 이런 점에서 철인 28호를 볼 때마다 개인적으로 '스모 선수' 같다는 느낌을 많이 받았습니다. 작가는 이런 사실을 의도한 것일까요. 아니면 은연중에 국민적 취향이 드러난 것일까요.

원작은 대단한 능력을 갖춘 소년 명탐정이 원격조종 로봇인 철인 28호로 악당과 싸우는 이야기지만, 2005년 개봉한 영화에서는 내용이 조금 달라졌습니다. 어린 소년이 과학자 아버지가 남긴 로봇 철인 28호를 조종해 악당들로부터 지구를 구한다는 스토리였지요. 어린이 관객의 눈높이에 맞춘 것으로 보입니다만, 사실 완성도 면에서 높은 점수를 주기 힘들더군요. 컴퓨터그래픽도 부자연스러워서 기념비적인 로봇 '철인 28호'의 영화인데도 아쉬운 점이 꽤나 많았습니다.

철인 28호가 무선조종 슈퍼로봇이 된 이유

철인 28호의 키는 15~20미터 정도입니다. 작품에 따라 다르기도 하지만, 대부분 등에 단 로켓형 추진장치를 이용해 하늘을 자유롭게 날아다닙니다. 이 점은 물리적으로 억지가 아주 큽니다. 이만한 로봇을 하늘로 날아오르게 하려면 몸체보다 더 큰 연료탱크와 초대형 로켓 엔진을 업고 굉음을 쏟아내며 솟아올라야만 합니다. 게다가 한 번 비행하면 다시 연료를 채워야 하고요.

하지만 철인 28호의 무선조종이라는 설정은 꽤 설득력 있게 다가옵니다. 의외로 많은 만화나 영화에서 간과하는 사실이 바로 탑승자 문제입니다.

이만큼 거대한 로봇에 탑승해 조종하려면 탑승자가 대단히 고생해야 합니다. 가장 큰 문제는 거대한 로봇에 올라탔을 때 생기는 위치에너지입니다. 사람이 걸을 때도 한 걸음씩 내디딜 때마다 머리가 조금씩 위아래로 흔들리지요. 그런데 키가 수십 미터에 달하는 거대한 로봇에 탑승한다면 그 사람은 어떻게 될까요. 로봇이 한 걸음을 내디딜 때마다 몇 미터씩 치솟았다가 고꾸라지는 충격을 계속해서 받아야 합니다. 놀이공원에서 흔히 볼 수 있는 '자이로드롭'을 1~2초마다 한 번씩 탄다고 생각하면 쉽게 이해할 수 있을 것입니다. 따라서 탑승이 가능한 보행 로봇의 키는 3~4미터 정도가 한계라고 생각됩니다. 그런 점에서 볼 때 철인 28호가 탑승형 로봇이 아니라는 점은 현실적인 설정으로 보입니다.

철인 28호는 레이저광선 같은 비현실적인 무기를 쓰지 않고 육박전으로만 승부를 내는데 이 설정도 오히려 현실감이 있습니다. 하늘을 날아다니는 것은 불가능하겠습니다만, 현재 기술로도 키 4미터 정도에 두 발로 걷는 대형 로봇들이 실험적으로 제작되고 있습니다. 그러므로 언젠간 비슷한 형태의 로봇이 등장할 수 있지 않을까 여겨지기도 합니다.

일본 고베 지역에 가면 실물 크기의 철인 28호 동상을 볼 수 있습니다. 고베는 『철인 28호』의 작가 '요코야마 미츠테루(横山光輝)'의 고향이지요. 지금은 겉모습뿐인 로봇 동상이 관람객들을 맞고 있지만, 언젠간 철인 28호를 꼭 닮은 진짜 로봇이 두 발로 걷고 두 주먹을 멋지게 휘두르는 모습을 보게 되길 기대해 봅니다.

▶ ▶

인류를 구하는 영웅, 거대 로봇을 꿈꾸다
〈퍼시픽 림〉

SCREEN
03

　어린 시절, 친구들과 놀이터에서 놀다가도 저녁 시간만 되면 쪼르르 집으로 달려가던 기억이 납니다. 다른 이유가 아니라 TV 만화영화를 보기 위해서였습니다. 제목은 그 이름도 유명한 〈마징가Z〉. 방영 시간이 되면 동네 골목길에서 놀던 꼬마들이 자취를 감출 정도로 인기가 있었습니다. 〈마징가Z〉의 첫 방송은 1972년. 일본의 만화작가 '나가이 고'의 작품으로 국내에는 1975년 처음 연재가 시작됐고 이후 여러 차례 재상영됐습니다.

　〈마징가Z〉가 그렇게 큰 인기를 끈 이유는 여러 가지가 있겠지요. 그중 하나는 사람이 직접 로봇에 탑승해 조종한다는 설정이 이 작품에 처음 나왔기 때문일 듯합니다. 이 작품의 주인공은 마징가Z의 조종사인 가부토 코우지(한국명 쇠돌이)입니다. 또한 그의 동료로 다른 로봇 조종사들도 등장합니다. 이들은 여럿이 같은 편이 되어서 악당

▶

로봇 '기계수'와 싸웁니다. 로봇이 이야기의 중심입니다만, 스토리를 끌고 나가는 역할은 사람이 맡아서 작품을 보는 이들은 몰입도가 아주 높아지지요.

이렇게 '사람이 거대한 로봇을 타고 조종해 적과 싸운다'는 개념은 이후로 수많은 만화, 영화 제작에 큰 이정표가 됐습니다. 이런 로봇 가운데 비교적 최근에 등장해 큰 인기를 얻은 만화영화 캐릭터로는 20세기 후반에 나온 〈에반게리온〉이 있습니다. 〈에반게리온〉은 1995년 첫 회가 연재된 이후, 극장판 등 수많은 작품이 연이어 제작되면서 2000년대 중반까지 많은 인기를 얻었습니다.

〈마징가Z〉에는 미치광이 천재과학자 '헬박사'가 만든 거대 로봇 '기계수'가 등장하는데, 〈에반게리온〉에서는 강력하고 거대한 괴생명체 '사도'가 나옵니다. 사도가 나타날 때마다 주인공 신지가 커다란 로봇 '에바'를 타고 적과 싸우지요. 〈에반게리온〉은 지구 멸망을 그리는 종말론적인 스토리와 선악을 무시한 설정으로 상당한 논란을 낳기도 한 문제작입니다.

그런데 영화 속 로봇 이야기를 하면서 왜 갑자기 일본 만화영화에 나오는 거대 로봇의 계보를 되짚고 있을까요? 그건 일본 만화 속 거대 로봇 문화가 미국 할리우드의 거대 로봇 영화 〈퍼시픽 림〉 스토리와 설정의 근간이 되기 때문입니다.

거대 로봇, 지구를 지키는 과학적 영웅을 만들다

2013년에 개봉한 〈퍼시픽 림〉은 후속편 〈퍼시픽 림: 업라이징〉이 2018년에 개봉되며 당시 극장 예매율 1위를 달리는 등, 상당한 인기를 얻었습니다. 〈퍼시픽 림〉은 '로봇을 타고 괴수와 싸운다'는 기본 설정부터 〈에반게리온〉과 꽤 유사합니다. 〈퍼시픽 림〉에는 〈에반게리온〉 속 괴생명체 '사도'에 비견되는 '카이주'가 등장합니다. 카이주는 사도처럼, 알 수 없는 이유로 돌연히 나타나 파괴 활동을 벌입니다. 주인공들은 '예거'라 불리는 거대 로봇을 타고 카이주와 싸우며 지구를 지키지요.

└ 영화 〈퍼시픽 림〉의 한 장면

└ 영화 〈퍼시픽 림〉 포스터

〈퍼시픽 림〉 2편을 보면 카이주가 지구를 공격하는 이유조차 〈에반게리온〉 속 설정과 흡사합니다. 〈에반게리온〉을 보면, 거대 괴생명체 '사도'가 도대체 어디서, 왜 지구를 공격하러 오는지 딱 부러지게 알려주지 않습니다. 이를 보며 답답함을 느낀 사람들이 많았을 것입니다. 이야기의 뒤편으로 가면서 어느 정도 해설이 나오는데, 현학적인 설명만 잔뜩 나와 이해하기가 쉽지 않습니다.

사도의 침략 이유를 애써 정리해 보면 다음과 같습니다. '태초에 다른 행성으로 가야 했던 인류의 또 다른 종(사도)이 실수로 지구에 떨어지게 되었습니다. 가사 상태에 빠져 있던 이들이 하나씩 깨어나고, 지구 환경을 새롭게 고쳐 자기 종족들이 살기 좋은 환경으로 바꾸려고 드는 것'이 지구를 공격하는 이유인 듯합니다.

카이주 역시 '테라포밍'이 목적이더군요. 테라포밍이란 행성 개조 계획을 말합니다. 간단한 예를 들어 볼까

└ 화성의 테라포밍 과정을 네 단계에 걸쳐 보여 주는 상상화.
　Daein Ballard−MarsTransitionV

요. 공기 중 이산화탄소 농도가 20%가 되면 사람은 살 수 없습니다. 하지만 그런 공기에서만 숨을 쉴 수 있는 외계인이 지구 침략을 노리고 있다고 합시다. 이들은 자기들이 숨 쉬며 살 수 있는 곳으로 만들기 위해 지구의 공기 질을 개조하려고 들겠지요. 이렇게 살아갈 행성의 환경을 바꾸는 것을 '테라포밍'이라고 합니다.

테라포밍은 현실 속 과학자들도 연구하는 분야입니다. 가장 먼저 눈을 돌린 곳은 바로 화성입니다. 화성의 환경을 긴 세월에 걸쳐 조금씩 바꾸면, 언젠가는 사람이 우주복 없이 산소마스크만 쓰고 외출할 수 있도록 만들겠다는 구상을 내놓은 과학자들도 있었답니다.

〈퍼시픽 림〉에선 카이주의 피를 희토류 광물이 가득한 활화산인 후지산에 흘려 넣으면 대폭발을 일으키며 지구 환경이 크게 변한다는 다소 황당한 설정도 있습니다. 이로 인해 후지산으로 달려가는 여러

└ 영화 〈퍼시픽 림〉의 한 장면. 영화 속에서 거대 로봇 '예거'를 조종하려면 조종사 두 명이 정신을 하나로 연결해 로봇을 조종하는 '드리프트' 과정을 거쳐야 한다

대의 카이주와 그들을 막는 예거 로봇의 전투 장면이 펼쳐지지요.

한편 〈에반게리온〉을 보면 로봇 '에바'와 주인공의 정신을 접속시켜 조종하는 '싱크로' 과정이 나옵니다. 〈퍼시픽 림〉에서도 이와 비슷한 '드리프트' 과정이 나옵니다. 정신을 로봇에 연결해 생각만으로 로봇을 조종하는 거지요. 파일럿은 정밀하게 만들어진 시뮬레이션 장비에 들어가 로봇을 조종합니다. 정신이 예거와 연결된 상태에서 실제로 주먹을 휘두르며 홀로그램(입체영상)으로 표시된 적과 싸웁니다.

거대한 로봇을 움직이려면 한 사람이 가진 신경계로는 한계(?)가 있다며 여러 사람이 함께 예거를 조종하기도 합니다. 소형 예거의 경우 단독 조종도 가능하지만, 거대한 예거는 보통 두 명, 많게는 세 명이 탑승해 서로의 정신을 하나로 연결해 조종하는 다소 묘한 설정도 눈길을 끕니다. 이 과정에서 파일럿끼리 정신 교감이 일어나는 것도 〈퍼시픽 림〉만의 볼거리입니다.

과학처럼 보이지만 과학이 아닌 영역들

〈에반게리온〉과 〈퍼시픽 림〉. 두 작품 모두 거대 로봇과 각종 첨단 장비가 자주 나와 짐짓 과학 영화라는 인상을 줍니다. 하지만 두 작품의 설정에서 제대로 과학적인 고증을 거친 것은 없다고 보아도 무방합니다.

예컨대, 카이주의 경우 지구로 들어오는 통로를 별도로 만들 수 있습니다. '브리치'라고 부르는 차원 이동 통로로, 주로 지구의 바다 깊숙한 곳에 생겨납니다. 외계 종족이 지구인 박사 한 명을 정신 조종해 자동형 예거(드론)의 제어권을 탈취하고, 이를 이용해 몇 개나 되는 브리치를 한꺼번에 엽니다. 그로 인해 카이주 몇 마리가 동시에 지구에 잠입하지요.

하지만 애초에 '차원의 문'이라는 개념은 영화나 만화 속 소재일 뿐, 현실에서는 상정하기 어려운 개념입니다. 많은 물리학자는 이론적으로 아마도 10차원까지 존재가 가능할 것이라고 생각합니다. 하지만 현재 존재한다는 사실이 정확히 밝혀신 것은 4차원까지입니다.

4차원의 개념은 천재 물리학자 아인슈타인 덕분에 처음 세상에 소개됐지요. 3차원인 현실 세계(입체 공간)가 시간의 영향을 받으면 4차원적으로 다르게 해석될 수 있습니다. 시공간의 벽을 허물어 보면 우리가 사는 공간을 한 단계 더 높은 차원에서 해석할 수 있다는 개념입니다. 즉 4차원과 3차원은 서로 떨어져 있는 공간이 아닙니다. 그러니 '다른 차원에 살고 있는 외계 생물이 어느 날 터널 같은 문을 열고 지구로 찾아온다'는 설정은 이론적으로 말이 되지 않습니다. 아마도 영화의 작가는 아주 먼 우주까지 순식간에 이동할 수 있는 '웜홀'이 생길 수 있다는 이론, 여러 개의 다른 우주가 존재한다는 '다중우주' 이론 등을 가정한 것 같습니다.

빌딩만 한 로봇이 실제로 존재하기 어렵다는 점도 꼭 짚고 넘어가야 할 부분입니다. 많은 작품에 거대 로봇이 등장합니다만, 〈퍼시픽 림〉의 경우는 '커도 너무 커서' 문제입니다. 마징가Z의 키가 18미터. 건담(초기형)의 키도 이와 똑같은 18미터 정도입니다. 그런데 〈퍼시픽 림〉에 등장하는 로봇 '예거'는 보통 70미터가 넘으며, 85미터에 달하는 모델도 등장합니다. 예거는 그 어떤 작품 속 로봇보다 큽니다. 원작(?)으로 보이는 〈에반게리온〉에서 에바에 대한 정확한 설명은 없

└ 국내 연구진이 개발한 4미터 크기의 거대 로봇 '메소드'. 운동 성능이 뛰어나진 않지만 사람을 태우고 두 발로 걸을 수 있다.　　전승민

지만, 예거와 거의 크기가 비슷해 보이지요.

현실에서 사람이 타기에 적당한 크기의 '탑승형 로봇'을 만드는 일은 어느 정도 가능합니다. 현재 가장 큰 두 발 로봇인 '메소드'는 키가 4미터 정도입니다. 국내 로봇 기업인 '한국미래기술'이 개발해 화제가 되었지요. 과학 기술이 더 발전한 미래라면 십여 미터의 로봇이 걷거나 달릴 수 있을지 모릅니다.

사실 빌딩만 한 거대 로봇이 뛰어다니는 일은 거의 불가능합니다. 하지만 이 경우 크기가 워낙 커서 조종사가 받는 충격 문제는 도리어 해결할 수 있어 보입니다. 조종실을 캡슐에 넣어 액체 속에 띄워 놓는다든가 하는 식으로 로봇에 충격을 상쇄할 장치를 넣을 여지가 있기 때문이지요. 하지만 다른 문제가 또 생기는데, 우선 그만한 로봇을 움

직일 동력을 확보하기 어렵습니다. 미래형 에너지라는 핵융합 발전 기술이 실용화되면 일말의 가능성은 있습니다만, 필요한 전력을 변환하는 변압기만 해도 로봇 몸체를 가득 메워도 공간이 부족할 것입니다.

이 단계를 지나 간신히 움직이게 되더라도 발목이나 관절 부분에 걸리는 부담이 상상을 초월합니다. 그만한 무게를 견딜 구동계가 존재하지 않습니다. 실용성에서도 의문을 드는데, 이렇게 거대한 로봇은 불안정하고 동작도 굼떠 전쟁에서 전혀 쓸모가 없습니다. 미사일 같은 원거리 무기에 취약하니 적군에게는 그저 쏘아 맞히기 편한 커다란 표적일 뿐이지요.

이런 점에서 〈퍼시픽 림〉은 공상의 스토리를 로봇과 함께 그럴듯하게 버무려 낸 철저한 상업 영화입니다. 과학적인 고증을 추구하는 로봇 영화들과는 큰 차이가 있다는 점을 염두에 두고 영화를 감상하는 것이 좋을 것 같습니다.

불가능하고 비현실적이지만, 로봇 판타지의 절정을 보여 주다

과학적인 상식이 있다면 누구나 거대 로봇이 비효율적이라는 사실을 알고 있습니다. 하지만 사람들은 '그래도 만들고 싶다'고 생각해 온 것 같습니다. "불가능하고 비현실적이지만 워낙 멋진 존재니 기술로 극복해 만들어 보겠다."란 생각인 것 같습니다. 기술자의 로망이라고 생각하면 될까요?

　사람들의 이런 욕구는 다양한 만화 작품 속에 투영되어 있습니다. 거대 로봇 캐릭터의 원조는 1950년대에 나온 철인 28호를 많이들 꼽지요. 마징가Z는 위에서 말씀드렸듯 '탑승형 거대 로봇'의 원조지요. 마징가Z와 거의 같은 시기에 나온 로봇 만화 〈이스트로 강가(한국명 짱가)〉에 등장하는 로봇은 자의식이 있는 거대한 외계생명체 같은 존재로 그려집니다. 이 시기 이후 탑승형 거대 로봇 시리즈가 연이어 제작되면서 큰 인기를 끌었습니다. 〈그랜다이저〉는 1975년, 〈메칸더 V〉는 1977년, 탑승형 로봇 시리즈의 대명사가 된 〈건담〉 시리즈는 1979년 등장해 지금도 후속편이 제작되고 있습니다.

　하지만 촬영상의 문제인지 영화에서는 거대 로봇을 찾아보기 어렵습니다. 거대 로봇이 나오는 영화로는 〈퍼시픽 림〉 또는 〈트랜스포머〉 정도를 간신히 추릴 수 있습니다. 두 작품 모두 개봉 당시 여러 악평에 시달리면서도 흥행에는 성공했습니다. 유치하다고 욕하더라도 여전히 거대 로봇을 좋아하는 사람들이 많다는 이야기가 아닐까요.

　2013년 개봉한 〈퍼시픽 림〉 1편을 보면서 '거대 로봇의 동작을 참

잘 표현했다'고 느꼈습니다. 로봇이 움직이면서 생기는 진동, 다소 굼뜬 듯하면서도 미려하게 움직이는 동작이 두 발로 걷는 거대한 중장비에 가까운 느낌을 줍니다. 1편에서 예거가 유조선을 집어 들어 야구방망이처럼 휘두르는 모습을 보면서 "와, 크기 표현을 저런 식으로도 할 수 있구나."라고 놀랐던 기억이 납니다. 반면 2편에선 이런 느낌이 크게 줄고, 날렵하고 운동성 좋게 움직이는 모습을 더욱 강조했습니다. 화려한 맛은 커졌지만, 거대 로봇 특유의 육중한 느낌이 사라져 아쉬운 마음도 들더군요.

혹시 SF(사이언스 픽션)와 판타지의 차이를 아시는지요. 여러 기준이 있습니다만, 과학적으로 '현실에서 어느 정도 실현 가능성이 있는 미래의 모습'을 그려 낸다면 SF로 구분합니다. 거대 로봇의 등장이 비과학적이며 현실적이지 않다는 지적이 많습니다만, 기계장치인 만큼 과학적으로 충분히 검증하고 연구개발에 투자한다면 꼭 불가능하지는 않으리라 생각합니다.

앞으로 과학적이면서도 작품성까지 겸비한 거대 로봇 영화가 더 많이, 더 자주 나오면 좋겠습니다. 호쾌하고 육중한 동작으로 힘과 정의를 지키는 거대 로봇은 보는 그 자체로 즐거우니까요.

인공위성 부품일까, 인공지능 로봇일까?
〈로봇, 소리〉

한국에서 '로봇'을 주제로 영화를 만드는 경우는 거의 못 본 것 같습니다. 1980~1990년대에 〈외계에서 온 우뢰매(우뢰매)〉와 같은, 어린이용 영화가 개봉된 적은 있었습니다. 헬멧을 뒤집어쓴 주인공(심형래 분)이 악당과 싸우다가, 위급하면 거대한 로봇을 호출하지요.

이런 영화는 보통 특수촬영물(특촬물)로 구분합니다. '특촬물'이라는 단어가 생소한 분도 있을 텐데, 대표적인 작품으로 〈파워레인저〉가 있습니다. 이런 특촬물은 대개 TV 시리즈물로 만듭니다. 1986년 한국에서 개봉한 〈외계에서 온 우뢰매〉는 당시 관객 200만 명(제작사 추산 400만 명)을 모은 인기작이었습니다.

이 인기를 업고 〈우뢰매〉 시리즈는 총 9편이 제작되었습니다. 당시는 지금처럼 영화관이 많지 않았던 시절이라 웬만한 영화들은 100만 명을 넘기 힘들었습니다. 이를 고려하면 우뢰매의 인기가 정말 대단했던 셈이지요. 그 이후, 비슷한 촬영기법을 써서 제작한 영화가 여러 편 나오면서 한동안 인기를 끌었습니다. 다만 〈우뢰매〉와 같은 영화는 어린이들이 즐겨 보는 특수촬영 드라마가 기반이라는 한계가 있습니다. 로봇이 등장하는 장면은 만화영화(애니메이션)를 합성해 넣거나 인형 등으로 연출했지요.

국내에서 제작한 영화 중에 로봇이라는 문화를 체감하면서 즐겁게 볼 수 있는 '로봇 영화'는 단 한 편도 못 본 것 같습니다. 그런데 로봇 영화 불모지인 한국에도 로봇을 주제로 한 영화가 제작되어 화제가 되었습니다. 바로 2016년 개봉한 영화 〈로봇, 소리〉입니다.

지구로 떨어진 인공위성 부품 = 로봇?

한국에서 로봇 영화가 많지 않은 건 영화 시장의 현실적인 문제 때문이 아닐까 추측해 봅니다. 그럴듯한 로봇 영화를 만들려면 많은 제작비가 필요한데, 관객이 많이 들지 않으면 큰 손해를 보겠지요. 이런 현실에서 영화 〈로봇, 소리〉는 제목부터 '로봇'이 들어가니 누가 뭐라고 해도 로봇을 주제로 한 국내 영화라고 할 수 있습니다. 개봉 소식을 듣고 저도 극장으로 달려가 보았는데, 여러 면에서 잘 만들어진 작품이었지만 로봇 영화라는 관점에서 보면 조금 아쉬움이 남았습니다. 영화에는 로봇이라고 부를 만한 것이 나옵니다만, 영화가 '로봇에 대한 기준'을 어디에 두고 있는지를 잘 알 수 없기 때문입니다.

이 영화에는 지구 전체의 통신을 모두 도청하고, 그 내용을 송두리째 저장할 수 있는 고성능 인공위성이 등장합니다. 이 인공위성이 우연히 고장 나 핵심 부품이 한국 땅에 추락하는데, 그것을 한 중년 남성 '해관(이성민 분)'이 줍게 됩니다. 해관은 이 인공위성 부품에 포함된 도청 기능으로, 몇 년 전 실종된 딸을 찾을 수 있을 거라고 여깁니다. 이 인공위성 부품(로봇)을 이용하면 아무리 오래된 통화기록도 검색할 수 있고, 전화기나 휴대전화 장치의 현재 위치까지 알아낼 수 있기 때문입니다. 그러니 과거에 딸이 어디서 누구와 통화를 했고, 또 지금 그 사람이 어디에 있는지를 찾아낼 수 있겠지요. 물론 현실에서는 이런 성능을 가진 도청 시스템을 만들기 어렵습니다.

해관은 이 인공위성 부품을 가지고 이곳저곳을 찾아다니며 여러 사건을 겪습니다. 이 로봇이 한국 땅에 떨어졌다는 사실이 알려지자 국가기관에도 난리가 납니다. 전 세계의 통화기록이 모두 들어 있는 인공위성이니 당연히 매우 중요한 정보도 들어 있겠지요. 한국 정부는 국가정보원 요원을 보내 이 로봇을 찾아 나섭니다.

영화에서 이 인공위성 부품을 '로봇'이라고 부르는 일은 몇 번 되지 않습니다. 도리어 인공위성이라고 말하는 경우가 많지요. 국정원 요원들도 해관에게 전화를 걸어 "아저씨. 그 인공위성 당장 가지고 와요."라고 다그칩니다. 해관도 영화 내내 '얘, 쟤, 이거' 등으로 로봇을 불렀습니다. 그러다가 로봇이 음성 명령을 알아듣고 재치 있는 대답도 하는 것을 보며 '소리'라는 이름을 붙여 줍니다. 영화 제목이 〈로봇, 소리〉인 것은 그것 때문입니다.

이 로봇은 뭔가 로봇이라고 부르기에 특이했습니다. 로봇이라고 하려면 기계장치가 자기 스스로 움직여야 할 텐데, 영화 초반만 해도 이 로봇은 그냥 원통형 기계장치로만 보였습니다. 그러다가 여러 사람이 로봇을 여기저기 개조하고, 또 몇몇 사건을 겪으면서 로봇이 한국어로 말하게 되고, 또 스스로 움직일 수 있게 됩니다. 영화 후반부에 나오는 모습은 분명 '로봇'으로 보입니다. 하지만 영화 초반의 모습은 그냥 음성데이터를 검색해 출력하는 컴퓨터로 보는 편이 더 정확해 보입니다.

'인공지능'이 있으면 로봇일까?

로봇의 겉모습은 그 로봇의 기능과 큰 관련이 있습니다. 손으로 일해야 하는 로봇은 당연히 사람처럼 튼튼한 팔이 여러 개 있습니다. 사람 대신 일하도록 만든 로봇은 사람과 아주 비슷하게 만든답니다. 대개 상반신과 머리가 붙어 있지요. 공장 같은 정해진 공간에서 일할 경우엔 테이블 위에 고정해 두는 경우가 많습니다. 요즘 이런 형태의 '협동 로봇'을 개발하는 일이 아주 많답니다. 공장 안에서 여기저기 옮겨 다니며 일하도록 로봇에 바퀴를 달기도 합니다. 군사용, 혹은 재난구조용 로봇 중에는 험난한 지역에서 복구 작업을 하는 로봇도 있

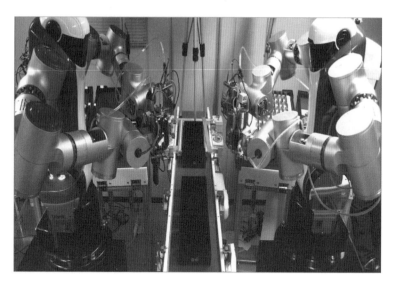

└ 한국기계연구원 연구진이 개발한 협동 로봇 '아미로'. 사람과 같은 공간에서 두 팔을 사용해 작업할 수 있다.　　　　　　　　　　　　　　　　　　　　　　　　　　한국기계연구원

습니다. 이런 경우에는 사람처럼 두 다리가 있거나, 아니면 탱크 바퀴와 같은 무한궤도를 붙입니다.

　반대로 정보처리가 목적인 로봇이라면 얼핏 보기에 컴퓨터를 닮은 경우가 많습니다. 영화 〈로봇, 소리〉에 등장하는 로봇도 이런 경우입니다. 실상 정보처리 기능이 더 중요하니 팔과 다리보다는 컴퓨터의 처리 능력이 더 중요하지요. 그러니 팔과 다리는 없다시피 합니다.

　다른 영화에 나온 로봇 중 '소리'와 가장 비슷한 것을 꼽자면, 〈스타워즈〉에 나오는 로봇 'R2-D2'일 듯합니다. R2-D2는 작은 발 두 개로 겨우 이동만 할 수 있고, 사람과 같은 튼튼한 팔다리도 없습니다. 꼭 필요한 경우에 작은 물건을 집어 올릴 수 있는 집게 팔이 몸속

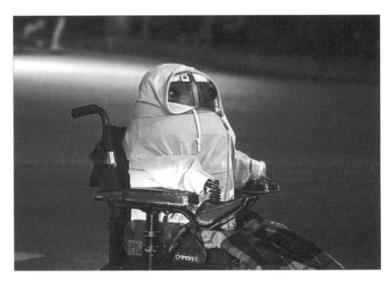

└ 영화 〈로봇, 소리〉의 한 장면

에서 튀어나오지요.

　이런 점은 '소리'도 마찬가지여서, 제작진들이 R2-D2를 많이 참고했다는 인상을 지우기 어려웠습니다. 소리는 R2-D2와 달리 이동 수단이 아예 없습니다. 쇳덩어리로 만든 이 로봇을 들고 다니기가 힘들어 주인공 해관은 이 로봇을 전동 휠체어에 얹어서 밀고 다니지요. '소리'는 작은 팔이 두 개 정도 있는데, 사실 팔이라기보다 인공위성에 자기 몸을 고정해 놓고 자세를 유지하는 장치라고 하는 편이 더 타당해 보였습니다. '소리'는 처음부터 끝까지 인공위성의 부품으로 만들어진 존재니까요.

　하지만 '소리'는 이 조그만 팔을 내밀어 직접 전동 휠체어의 조종장치를 다루는 데 성공합니다. 그리고 스스로 여기저기 이동합니다. 제작진은 '소리'의 움직임을 표현하기 위해 꽤 애를 썼다고 하더군요. 각기 다른 모터 4종류를 이용해 세밀한 동작까지 표현하도록 만들었고, 머리도 300도 가까이 회전되도록 고안했습니다. 덕분에 '소리'는 자유로운 움직임과 더불어 미묘한 시선 처리까지 가능하게 만들어졌습니다.

저는 영화의 초반부에는 '저걸 로봇이라고 부를 수 있나.'라고 생각했습니다. 하지만 영화가 중반을 지나가면서 '소리'가 전동 휠체어를 조종해 스스로 어떤 장소에 찾아가는 것을 보고선 '아, 이제부터는 로봇이라고 인정해 줘도 괜찮겠다.'는 생각이 들었습니다. 자기 스스로 일을 할 수 있다면 '로봇'이라고 불러도 괜찮은 존재로 거듭난 것일 테니까요.

로봇이라는 이름의 어원을 생각해 보면, 그 자체로 '노동'이라는 의미가 있습니다. 즉 어느 정도는 기계장치를 자동으로 움직여 어떤 일을 할 수 있어야 로봇이라고 부를 수 있지요.

가장 간단하게 생각할 수 있는 로봇의 조건은 두 가지랍니다. 첫 번째는 아주 단순해도 좋으니 어느 정도는 자기 스스로 움직일 수 있는 지능, 혹은 자동화 프로그램이 있어야 하고, 두 번째로는 그 자동화 프로그램이 어떤 기계장치를 움직일 수 있어야 한답니다. 기계장치를 전혀 움직이지 못하고 뛰어난 인공지능만 있다면, 그 경우 공학적인 기준에 따르면 로봇이 아니라 '인공지능 컴퓨터'로 보아야 합니다.

로봇 = 지능 + 기계제어 능력 모두 갖춰야

로봇에 대한 정의는 사람마다 달라질 수 있어서 최소한의 기준이 필요하게 되었습니다. 대표적인 것은 1987년에 설립된 국제로봇연맹(IFR; International Federation of Robotics)에서 정한 기준입니다.

먼저 산업용 로봇의 기준은 '△자동제어 및 재프로그램이 가능하여 다용도로 사용될 수 있어야 하며 △3축 이상의 자유도를 가진 산업자동화용 기계로서 △바닥이나 모바일 플랫폼에 고정된 장치'라고 정의합니다. 서비스 로봇의 경우는 '제조작업을 제외한 분야에서, 인간 및 설비에 유용한 서비스를 제공하면서, 반자동 또는 완전자동으로 작동하는 기계'라고만 적고 있습니다.

국제표준화기구(ISO; International Organization for Standardization)에서 제시하는 로봇의 기준도 크게 다르지 않습니다. '재프로그램과 자동 위치조절이 가능하고, 여러 개의 자유도(관절)에서 물건, 부품, 도구 등을 취급할 수 있는 장치. 다양한 임무 수행을 위해 프로그램화된 장치로, 한 손목에 하나 이상의 암(팔)이 있는 모습을 갖추는 것' 정도로 정해 두었네요.

사실 이 두 가지 기준은 다소 허술하고 부족해 보입니다. IFR의 기준에 따르면 사실상 대부분의 산업용 기계장치는 로봇으로 분류됩니다. 사람이 쓰기 편한 자동화 기계는 전부 '서비스 로봇'이란 의미가

되니까요. 이 기준으로 보면 스마트폰도 로봇이라고 부를 수 있겠지요. ISO 기준도 마찬가지입니다. 이 말대로라면 자동화 기계장치는 무조건 로봇으로 보아도 무방할 것 같습니다.

하지만 이렇게 부실한 기준에도 '이 정도는 로봇이라고 부르자'고 하는 최소한의 기준이 있다는 점을 주의 깊게 보아야 합니다. 첫 번째는 기계장치로 만든 로봇의 몸체가 있어야 한다는 점입니다. 컴퓨터 속 프로그램만으로는 로봇이라고 부를 수 없고, 프로그래밍 등을 통해 기계를 '제어'해야 한다는 것만큼은 누구나 동의하는 최소한의 기준입니다. 즉 소프트웨어를 통해 하드웨어를 통제하는 기능을 갖춰야 비로소 '로봇'이라고 부를 수 있습니다.

영화 〈로봇, 소리〉에 등장하는 로봇은 어떻게 보면 로봇이고, 또 어떻게 보면 로봇이 아닌 것 같아 매우 혼란스러웠습니다. 팔도 다리도 없고, 정보처리만 가능한 인공위성 부품이라는 점에서 보면 분명히 로봇은 아닙니다. 하지만 뛰어난 지능을 갖고 있는 점으로 미루어, 기계장치를 조금만 보완하면 제대로 된 로봇이 될 가능성이 있습니다. 그러니 영화의 후반부로 갈수록 '이래서 로봇이라는 제목을 썼구나.'라고 생각하게 됩니다.

영화를 다 보고 나니 제작진이 로봇의 기준에 대해 꽤 많이 고민한 것처럼 보였습니다. 로봇이 아니었던 기계장치가 로봇으로 성장해 나가고, 자아가 거의 없던 인공지능에 점점 자아가 생깁니다. 처음엔 인공위성의 부품이었다가, 지상에 떨어진 다음엔 전원 공급장치도 없어서 그냥 컴퓨터 장치에 불과했습니다. 하지만 여러 사람이 소리를 조금씩 고쳐 주면서 다양한 기능을 얻게 됩니다. 말을 하게 되고, 전동 휠체어를 타고 다니게 되고, 나중에는 태양광 충전장치를 붙여 스스로 전기를 충전할 수도 있게 됩니다. 인공위성에 붙어 있는 정보처리 장치가 점차 스스로 생각하고 움직일 수도 있는 진정한 로봇으로 거듭나는 성장기도 들어 있다는 생각이 들었습니다.

영화 〈로봇, 소리〉를 보면 과학적으로 억지스러운 설정이 꽤 눈에 띕니다. 전 세계의 통신 시스템을 도청하거나, 로봇 스스로 자아를 갖는 설정 등은 다소 무리가 있습니다. 하지만 로봇의 기준에 대해 꽤 많은 고민을 한 수작으로 평가해도 좋을 것 같습니다.

Credit
Cookie
1

너도나도 '로봇'이란 단어를
쓰는 이유

인터넷으로 뉴스를 검색해 보면 표현이 매끄럽지 못한 기사들이 가끔 눈에 들어옵니다. 문법도 거의 맞고, 단어 사용도 하나하나씩 보면 꽤 적절한데, 전체적으로는 글의 흐름이 부자연스러워 읽기가 꽤 불편하지요. 보통 이런 식입니다.

▷06일 코스닥지수는 전 거래일 대비 −18.29포인트(−3.21%) 내린 551.5로 장마감했다. 이날 하락세로 출발했던 지수는 장중 한때 577.51 포인트까지 올랐다가, 개인의 매도세에 하락세로 장을 마무리했다. 코스닥 시장에서 외국인과 기관이 2,866억 원, 607억 원 순매수한 반면에, 개인은 −3,427억 원 순매도를 했다.

업종별로는 섬유, 의류(1.56%) 등의 업종이 오름세를 보였고, 종이, 목재 (−5.08%), 제약(−4.66%), 기타(−4.14%), IT S/W & SVC(−3.79%), 제

조(-3.57%) 등은 하락했다. 이 중에서도 특히 섬유, 의류 업종에 포함된 코
데즈컴바인(21.82%)의 상승세가 눈에 띄었다.

_ 하략. 매일경제 2019년 8월 6일 자 인터넷판 기사 中.

전무 기자라며 이렇게 글을 쓰지는 않을 것 같습니다. SVC라는 용어는 아마
주식시장에서 '서비스'라는 의미로 쓰는 것 같은데, 기사에서 이 단어를 한글
로 풀어주지 않고 약어를 그대로 적는 사람은 많지 않습니다. 소프트웨어는
주로 약어로 SW로 적으며, S/W라고 적는 경우는 많지 않습니다. '2,866억
원' 같은 경우 '2866억 원'이라고 표기하는 게 보통입니다.

물론 매체마다 다르기는 한데, 이렇게 부자연스러운 표기를 남발하는 경우는
많지 않습니다. 전체적으로 글을 읽어 보면 딱딱하고, 말은 되는데 영 매끄럽
지 않다는 느낌이 들지요. '개인의 매도세에 하락세로 장을 마무리했다'는 표
현은 아무리 보아도 전문 기자가 쓴 것 같지는 않습니다. 그럴 때는 기사를 쓴
기자의 이름을 찾아봅니다. 그러고는 거의 매번 "역시 그랬군."이라고 중얼거
리게 됩니다. 이런 느낌이 들면 대부분의 경우 '로봇 기자가 작성한 기사입니
다'라고 쓰여 있으니까요.

그런데, 이 기사를 쓴 '로봇 기자'는 정말 로봇이 맞는 것일까요? 사람처럼 생
긴 로봇이 언론사에 앉아서 키보드를 두들겨 기사를 썼을 리는 없을 텐데, 그
럼 언론사는 거짓말을 한 것일까요?

이런 '로봇 기자'의 정체는 여러분도 아시다시피 그냥 '인공지능 컴퓨터 프로

그램(앱)'입니다. 인터넷에서 검색한 정보를 자동으로 정리해 기사 형태의 문장으로 만드는 프로그램이지요. 풀어서 이야기하면 '자동 기사생성 프로그램'이 적당할 것 같습니다. 주식시장 정보를 정리한 짧은 기사, 야구나 축구 등 스포츠 경기 점수를 기록하거나 승부 상황을 간략하게 설명한 기사 등도 자주 볼 수 있지요.

사람이 쓰면 아무리 간단한 기사라도 10여 분 이상은 걸릴 텐데, 이 '로봇 기자'는 이런 기사를 몇 초 안에 완성합니다. 이런 기사 출고 시스템을 흔히 '로봇 저널리즘'이라고 부릅니다. 어디에도 '로봇'은 없지만, 사람들은 로봇이라

는 단어를 이렇게 쓰고 있는 것이지요.

우리 주위에는 이런 경우가 굉장히 많이 있답니다. 여러분도 아마 '가정용 서비스 로봇'이라며 바퀴 두 개가 달려 여기저기 굴러다니며 가슴에는 터치스크린이 붙은 태블릿 PC 비슷한 물건을 본 적이 있을 것입니다. 인천공항에도 이걸 커다랗게 만든 '안내 로봇'이 돌아다니고 있지요. 굴러다니기는 하니 로봇 같기도 한데, 사실 핵심 기능은 그냥 '컴퓨터'입니다. 이 정도면 '이동형 컴퓨터'라고 부르는 것이 더 맞을 듯한데, 사람들은 그래도 '로봇'이라고 부릅니다. 왜 이렇게 로봇이란 말이 중구난방으로 쓰일까요. '로봇'이란 말이 주는 첨단 장치의 어감을 자신의 발명품, 또는 상품에 입히고 싶은 사람들이 너나 할 것 없이 쓰고 있기 때문입니다. 로봇이라는 말을 꼭 '우리가 생각하는 로봇, 사람처럼 움직이는 기계장치'에만 사용하라는 법은 없으니까요.

《표준국어대사전》에서 로봇은 다음과 같은 뜻으로 나와 있습니다.

1. **기계** 인간과 비슷한 형태를 가지고 걷기도 하고 말도 하는 기계장치.
    ≒인조인간.
2. **기계** 어떤 작업이나 조작을 자동적으로 하는 기계장치.

첫 번째 정의는 로봇을 철저하게 '휴머노이드', 즉 인간형 로봇의 형태로 생각하는 걸 알 수 있습니다. 아마 사람들이 '로봇'이라고 하면 인간형 로봇을 떠올리는 경우가 많아서, 그런 점을 반영하지 않았나 싶습니다. 두 번째 정의는 사실 그냥 '자동화 기계장치'라는 말입니다. 소프트웨어로 기계장치를 조작하고 움직인다는 의미일 테니까요.

이런 질문에는 사람마다 기준이 다를 수밖에 없고, 꼭 맞는 답은 없을 것입니다. 하지만 개인적으로 여러분이 꼭 한 가지를 알아주셨으면 합니다. 본래 로봇이란 단어에는 '노동'의 의미가 있다는 것입니다. '노동, 노예'라는 뜻이지요. 체코어 단어 '로보타(Robota)'에서 유래했습니다. 체코슬로바키아의 극작가 카렐 차페크(Carel Čapek)가 'Robota'에서 a만 빼 버리고 '인조인간'이란 의미로 쓴 것이 시작입니다. 그가 1920년에 쓴 희곡 《로섬의 인조인간(Rossum's Universal Robot)》은 'Robot(로봇)'이란 단어가 공식적으로 쓰인 첫 작품으로 알려져 있습니다. 즉 로봇이라는 단어는 처음부터 '사람 대신 일하는 존재'라는 의미가 있었던 것이지요. 이 뜻에서 파생돼 나오다 보니 '자동으로 일을 하는 장치'라는 의미가 생겨난 것 같습니다.

사전이나 여러 기술협회의 규정에 따라 '자동으로 움직이는 기계장치'라고 정의한다면 우리는 하늘을 날아다니는 미사일도 로봇의 범주에 넣어야만 합니다. 기술적으로야 그렇게 구분한다 해도 로봇이라는 단어가 주는 느낌, 뭔가 '인간의 곁에서 돕고 일해 줄 것 같은 기계'라는 느낌을 포기하고 아무 곳에나 로봇이라는 말을 쓰는 게 바람직하지 않다고 느껴지는 건 저뿐일까요.

저는 제대로 된 로봇이라면 적어도 사람 대신 일하는 게 필수 조건이라고 믿습니다. 그러기 위해 로봇을 '△기계장치로 된 팔이나 다리가 있고 △뚜렷한 작업 목적으로 설계된 △프로그램에 따라 자동으로 움직이는 기계장치' 정도

└ 희곡 《로섬의 인조인간》. 당시 TV쇼로 방영되기도 했다

로 설명하면 어떨까요. 그렇게 만든 기계라면 누구도 "이건 로봇이 아니야."라고 말하지는 않을 거라고 생각합니다.

'로봇'은 사람마다 그 기준이 다를 수밖에 없습니다. 누구의 시각이 옳다고 단정하는 것도 올바른 태도는 아닌 것 같습니다. 그러니 로봇에 대해 이야기할 때는 서로 어떤 로봇을 생각하는지 확인할 필요가 있다는 점을 염두에 두어야 할 것 같습니다.

Theater 02

영화 속
로봇으로 보는
미래의
'과학 기술'

과학 기술의 근간은 '상상력'이 아닐까 합니다. 과학과 기술은 결국 상상을 현실로 만드는 지식과 방법이기도 할 테니까요. 그 시대 사람들이 상상한 아이디어나 공상의 줄거리들을 살펴보면 시대가 원한 과학 기술의 방향도 어렴풋이 짐작할 수 있을 것입니다.

많은 사람의 제각각 다른 상상을 어떻게 엿보고, 그 방향을 짐작할 수 있을까요. 그건 아마도 우리가 하나의 공통된 문화를 공유하고 있기 때문에 어느 정도 가능하리라 생각합니다.

사람의 두뇌는 막연한 상상을 하더라도 반드시 그 재료가 필요합니다. 꿈을 꿀 때를 생각해 보면 쉽게 알 수 있습니다. 완전히 여러분의 상상만으로 만들어진 그 세계에서도, 여러분은 무작정 무언가를 생각해 내지 않습니다. 과거에 접한 많은 기억 속에서 가장 그럴듯한 것을 찾고, 그것을 연결하며 새로운 줄거리를 만들어 나갑니다.

인간이 발휘하는 상상력, 그 근본을 만드는 일에서 '대중문화'의 역할은 실로 절대적입니다. 그중에서도 영화의 중요성이 아주 높답니다. 드라마나 만화, 책 등은 일부 나라에서만 인기를 얻는 경우가 많습니다만, 영화는 대형 영화배급사를 통해 전 세계 사람들이 공유하는 하나의 문화로 자리 잡았기 때문입니다.

실제로도 영화와 과학 기술은 서로의 발전에 많은 영향을 미쳤습니다. 영화 속 미래 기술이 현실의 과학 기술자들에게 영감을 주고, 과학자들의 연구 결과가 새로운 영화의 모티브가 되었습니다.

영화에 등장하는 로봇은 어떨까요? 영화 속 로봇의 모습, 그리고 미래에 등장할 현실 속 로봇 기술은 어떤 점이 비슷하고, 어떤 점에서 다른 것일까요? 지금부터 알아보겠습니다.

사이보그 기술은 어디까지 왔을까?
⟨로보캅⟩

영화는 허구의 스토리입니다. 이야기를 끌고 나가기 위해선 반드시 갈등이 등장합니다. 로봇 기술이 고도로 발전된 미래가 배경이면 이런 갈등이 인간과 로봇의 대립구도로 그려지기도 합니다. 로봇과 인간의 싸움이나, 로봇이 인간을 지배하려고 드는 디스토피아(암흑사회)도 로봇 영화의 단골 소재입니다.

주인공의 '정체성'이 갈등의 핵심이 되는 경우도 자주 있습니다. 이를테면 생체공학 기술이 발전해 많은 사람이 기계장치를 이식한 채 살아가고, 그 결과 인간과 로봇의 구분이 모호해지는 미래가 나오는 영화입니다. 이러한 영화에서 완벽한 인간의 모습을 한 로봇이 '나도 인간이 되고 싶다'고 생각하거나, 온몸을 기계장치로 바꾼 인간이 인간과 기계 사이에서 정체성 혼란을 겪기도 합니다.

이런 내면의 갈등을 그린 대표적인 작품을 꼽으라면 역시 ⟨로보

▶

칸〉이라고 생각됩니다. 인간의 두
뇌와 장기를 가진 '사이보그' 경찰의
활약을 처음으로 그려 낸 영화이지
요. 비슷한 설정으로는 〈공각기동대
(Screen_16)〉도 있습니다.

〈로보캅〉은 교통사고로 큰 부상
을 당한 경찰관이 두뇌와 내장기관
등을 제외한 몸 전체를 기계로 교체
해 '로봇 형사'로서 활약한다는 줄거
리입니다. 1987년 첫 작품이 개봉되

∟ 영화 〈로보캅〉 포스터

고 큰 인기를 끌자 2편이 1990년, 3편은 1993년에 개봉됐지요. 1편
이 나온 후 30년이 지난 2014년, 리부트 작품, 즉 작품의 설정을 처음
부터 바꾼 새로운 영화도 개봉했습니다.

자아가 결정짓다! 개조인간일까? 로봇일까?

〈로보캅〉은 제목 때문에 주인공을 '로봇'으로 생각하는 경우가 많
습니다. 하지만 기술적으로는 살아 있는 사람의 몸에 기계장치를 이
식한 것에 더 가깝다고 보아야 합니다. 사고로 장애를 입은 사람이 팔
과 다리를 로봇 기술을 총동원해 만든 최고급 의수와 의족으로 바꾼

└ 영화 〈로보캅〉의 주인공 '머피'. 인간의 감정을 가진 존재로 그려진다

경우와 비슷한 것이지요. 뚜렷한 기준은 없지만, 이처럼 신체의 일부를 기계장치로 교체해 강력한 능력을 얻은 경우를 '사이보그'라고 부릅니다.

보통의 경우 사이보그는 완전한 자아를 지닙니다. 두뇌는 사람이니까요. 사람처럼 생각하지만 몸은 기계에 가까운 경우, 극단적으로 두뇌만 인간이며 전신을 로봇으로 교체해도 사이보그로 구분할 수 있습니다. 따라서 로보캅은 사이보그로 구분되는데, 영화에서 이따금 완전한 사이보그로 보기 어려운 경우도 나옵니다.

그 까닭은 주인공이 스스로 인간이라는 자아가 없는 경우가 많기 때문입니다. 인간의 뇌와 일부 장기, 신경계 등을 빌려오긴 했지만, 이를 부품(?)처럼 활용했을 뿐 사실상 완전한 로봇처럼 동작하는 장면을 영화에서 자주 볼 수 있지요. 두뇌가 살아 있지만 기능을 하지 않는 상태, 즉 식물인간과 비슷한 상태로 반사 신경만 살아 있기 때문에 로봇 제어 프로그램이 우선해서 작동하는 것입니다.

1편에서 사이보그 경찰관 '머피'는 프로그래밍된 원칙에 따라 움직이고, 기계적으로 임무를 수행합니다. 그러다 시간이 지난 후 과거 기억을 떠올리면서 자아를 회복하게 됩니다. 2014년 리부트판에서는 평상시엔 자아가 있는 것처럼 행동하지만 막상 전투에 들어가면 완벽하게 로봇 시스템이 통제하는 방식으로 움직입니다. 이 경우 로보캅은 완전한 로봇처럼 동작하므로 '제조 기업 직원을 공격해선 안 된다'는 숨겨둔 규칙을 어기지 못해 오작동을 일으키는 모습도 나옵니다.

또 로보캅은 유명한 '로봇 3원칙'과 비슷한 자신만의 3대 수칙이 있더군요. 바로, 다음 수칙입니다.

1. 공익을 위해 봉사한다(Serve the Public Trust).

2. 무고한 시민을 보호한다(Protect the Innocent).

3. 법을 준수한다(Uphold the Law).

이렇게 자아 없이 움직이는 일이 있더라도 여전히 로보캅은 '사이보그'로 보아야 옳습니다. 자아가 잠시 잠들어 있다고 해서 그 자아가 사라진 것은 아니기 때문입니다. 여러분이 기절했거나 잠들어 있다고 해서 여러분을 식물인간이라고 부르지는 않습니다. 몽유병이 있는 환자를 로봇 취급하지도 않지요.

여담이지만 사이보그와 함께 자주 쓰이는 말로 '안드로이드'와 '휴머노이드'가 있습니다. 이 세 가지 단어는 모두 로봇과 관계가 있지만 그 뜻은 전혀 다릅니다. 사이보그는 인간에 기계를 이식한 경우로, '개조인간'이

└ 국내 연구진이 개발한 안드로이드 로봇 '에버투'. 얼핏 보기엔 인간과 거의 구분이 가지 않는다. 이 로봇은 가수로 활동한 바 있다. 목소리 주인공은 여성 그룹 '투앤비(2NB)'가 맡았다.
한국생산기술연구원

나 '강화인간' 정도로 해석할 수 있습니다. 반대로 '안드로이드'는 로봇의 겉모습이 인간과 거의 구분이 가지 않을 정도로 흡사한 로봇을 말합니다. 또 인간처럼 두 다리로 걷고, 두 팔로 움직이는 경우를 '휴머노이드 로봇'으로 지칭합니다. 즉 사람처럼 두 발로 걷고 두 손으로 일하는 로봇은 100% 휴머노이드입니다만, 안드로이드는 그중에서도 인간과 이견이 안벽할 정도로 흡사한 경우를 밀합니다.

인간과 기계를 연결하는 방법

영화 〈로보캅〉이나 〈공각기동대〉 속 등장인물만큼은 아니지만, 사이보그 기술은 의족이나 의수 개발에 실제로 쓰이고 있습니다. 물론 아직 이 기술이 완전하다고 보긴 어렵습니다. 하지만 사고로 팔이나 다리를 잃은 환자, 척수마비 환자 등에게는 큰 희망이 되고 있습니다. 고성능 의수나 의족 등에는 로봇 기술을 이용해야 할 때가 많습니다. 그러니 인간과 기계를 연결하는 기술이 발전할수록 이런 분들의 삶도 더 좋아지겠지요.

인간과 로봇 팔, 혹은 다리를 연결하는 방법은 크게 두 가지입니다. 만약 사고 등으로 팔, 또는 다리 일부분만 잃었다면 팔이나 다리에 남아 있는 신경에 기계장치를 직접 연결하는 방법을 고려할 수 있습니다. 아직 100% 실용화된 적은 없습니다만, 일부 실험에 성공해 그 결

ㄴ 브라질 월드컵 시축 장면. 하반신마비 장애인이 뇌파 신호로 움직이는 웨어러블 로봇 다리로 축구공
을 차는 데 성공해 크게 기뻐하고 있다.　　　　　　　　FIFA World Cup Brazil™ 유튜브 화면 캡처

과가 공개된 적이 여러 번 있습니다. 사람의 신경계도 미약한 전기신
호를 이용하기 때문에 이를 잘 해석한다면 자신의 팔처럼 기계장치를
움직일 수 있을 것입니다.

　또 다른 경우는 뇌 신호를 가로채는 것입니다. 간혹 전신마비 환자
나 하반신마비 환자 사례를 보면 뇌는 온전하게 살아 있지만 팔다리
의 신경 자체가 죽어 있는 경우가 있습니다. 이럴 때는 두뇌와 기계장
치를 연결하는 '뇌-기계 연결(BMI)' 기술이 필요합니다. 요즘은 로봇
장치를 컴퓨터로 조작하기 때문에 '뇌-컴퓨터 연결(BCI)' 기술이라
고도 많이 부르더군요.

　이 경우에는 아주 기초적이지만 실용화 사례가 있습니다. 대표적인

연구진은 '미겔 니코렐리스' 미국 듀크대 교수팀인데, 2014년 6월 브라질 월드컵 개막식에서 하반신마비 환자에게 웨어러블 외골격 로봇을 입혀 월드컵 시작을 알리는 시축 행사에 참가해 화제가 됐지요. 하반신마비 환자가 뚜벅뚜벅 걸어와 축구공을 시원하게 차리라고 기대했지만 실제로는 다리를 조금 움직여 공을 '툭'하고 걷어차는 수준에 그쳤습니다. 하지만, 머리에 붙인 수많은 전극을 통해 뇌 신호를 가로채서 로봇 다리를 움직이는 데는 분명 성공했지요.

만약 이런 기술이 더욱 발전해 두뇌에서 보내는 신호를 온몸에 고루 보내고, 몸에서 오는 각종 신호를 뇌가 다시 받아들이도록 만들 수만 있다면, 실제로 온몸이 기계이고 뇌만 살아 있어도 정상적으로 동작할 수 있습니다.

현재 이 기술을 실용화하는 데 최대 걸림돌은 두 가지입니다. 그중한 가지는 신경 신호를 뇌의 손상 없이 모두 가로챌 수 있느냐 하는점입니다. 뇌파란 뇌 활동의 부산물로 나오는 것입니다. 이 신호를 복원해도 본래 뇌의 활동 전부를 흉내 낼 수 있을지 장담하기 어렵습니다. 뇌의 모든 신경에서 나오는 신호를 직접 뇌와 연결해 분석해 낸다면 가능하겠지만, 그러려면 대단히도 복잡한 뇌수술을 꼭 해야 하니뇌의 손상을 피할 수 없겠지요.

또 다른 문제점은 감각입니다. 사람이 운동을 하려면 자기 생각대로 움직이는 것도 중요하지만, 팔다리로 감각을 느끼는 것도 꼭 필요합니다. 발바닥으로 감각을 느낄 수 없으면 잠시만 한눈을 팔아도 넘어지고, 손으로 감각을 느낄 수 없다면 물건을 쥐고 있는지도 모르게 되겠지요. 이렇게 하려면 로봇 팔이나 다리에 압력, 온도, 질감 등을 느낄 수 있는 센서를 부착하고, 그 센서로 받은 신호를 사람의 신경계로 되돌려 보내는 기술이 필요합니다. 사실 이런 연구는 아직 걸음마 단계여서 실용화를 점치기조차 어렵답니다. 다만 이론적으로 전혀 불가능한 것은 아니니 지속적으로 연구하면 인간과 기계를 연결하는 기술도 점점 좋아질 것으로 보입니다. 아마도 먼 미래에는 어느 정도 구현 가능하지 않을까 생각합니다.

인간과 로봇 사이에서 갈등하는 주인공

로보캅은 인간의 두뇌에 기계의 육신을 가진 존재입니다. 그를 대하는 주변 사람들의 태도나 반응도 제각각이지요. 1980년대 원작에선 주변 시민들에게 완전히 로봇 취급을 받았지만, 주위 경찰들은 머피를 여전히 동료로 여깁니다. 연구진들은 머피를 살아 있는 사람으로 대해야 할지, 단순한 로봇으로 대해야 할지를 놓고 의견을 나누기도 합니다. 2014년 리부트된 영화에서는 그 반대입니다. 시민들은 '기계로 만든 육신을 갖고 있지만, 여전히 인간성을 지녔으니 안심하고 치안을 맡길 수 있다'고 생각합니다. 실제로 범인을 검거할 때는 100% 로봇으로서 움직이지만요.

영화 〈로보캅〉은 완벽에 가까운 기계 육신이 개발됐을 때 인간들이 겪어야 할 부조화의 문제를 로봇 경찰이라는 주제로 풀어낸 수작입니다. 그 해석이 회를 거듭할수록, 점점 양상이 달라집니다. 그리고 시대에 따라 새로 제작된 속편에서 전혀 색다르게 표현되는 점도 흥미롭습니다.

〈로보캅〉을 보게 된다면, 1980년대 영화에 등장한 로보캅의 모습과 21세기 현대에 묘사된 리부트판의 로보캅 모습 등을 비교해서 보기를 추천합니다. 두 로보캅의 움직임이 기계적으로 얼마나 다르게 표현됐는지를 비교하면 꽤 여러 가지를 알 수 있답니다. 과거 작품에서는 윙윙거리는 소리, 마치 퍼핀댄스(어르신들은 로보트춤이라고 하더군요)를 추는 것 같은 동작을 강조했다면, 최근 작품에서 로보캅은 마치 현대의 특수부대 요원이 활약하는 것 같은 자연스러운 동작을 선보입니다. 이런 변화가 로봇 기술이 더욱 발전한 현대를 사는 관객들의 눈높이에 맞춘 것일지, 아니면 로봇 기술의 미래에 대해 더 희망적인 시각을 갖게 되어서인지 생각해 봐도 좋을 것 같습니다.

영화 〈아이언맨〉의 주인공 '토니 스타크'는 강철의 갑옷을 입고 악당과 싸웁니다. 하늘을 자유자재로 날며 손바닥에 붙은 특수 무기 '리펄서'를 쏘아대며 종횡무진 활약하지요. 이처럼 의복처럼 몸에 꼭 맞게 착용하고 신체 능력을 끌어올리는 로봇을 흔히 '웨어러블 로봇'이라고 부릅니다. 공식 용어로는 '외골격 로봇(Exoskeleton Robot)'이라는 호칭을 씁니다.

그렇다면 영화 〈아바타〉에 등장하는 로봇 'AMP 슈트'는 어떨까요. 영화에서 사람이 이 로봇에 탑승해 조종석에 앉아 두 팔을 휘두르며 외계인 '나비족'과 맞서 싸우는 장면이 나옵니다. 얼핏 보기에 아이언맨과 비슷한 웨어러블 로봇 같기도 합니다. 이름에도 '슈트'라는 단어가 들어가니 아이언맨처럼 '입는 로봇이 아닐까'하고 생각하게 됩니다. 그런데 자세히 보면 뭔가 미묘하게 차이가 납니다. 등장인물

▶ ▶

└ 영화 〈아바타〉 포스터

들이 아이언맨처럼 로봇으로 만든 갑옷을 입고 있는 건 아니기 때문입니다. 그렇다면 이 로봇은 뭐라고 불러야 할까요.

이 로봇은 정확하게 구분한다면 '입는 로봇'이리기보다는 자동차처럼 타고 다니는 로봇, 즉 '탑승형 로봇'입니다. 〈아바타〉의 AMP 슈트는 영화에서 그려진 거의 유일한 탑승형 로봇입니다. 일부 만화영화를 제외하면, 사람이 탑승해 로봇을 조종하는 실사영화는 매우 찾기 어렵지요. 물론 사람이 탑승해 로봇을 조종하는 영화로 〈퍼시픽 림〉이 있지만, 〈퍼시픽 림〉의 '초거대 로봇'은 현실적으로 존재하기 어려운 데 비해, 〈아바타〉 속 AMP 슈트는 기술이 조금 더 발전한다면 실제로 개발될 법한 현실감이 있습니다.

영화 〈아바타〉는 외계 행성이라는 특수한 상황에서 여러 가지 사건이 벌어집니다. 그래서인지 지구인(?)인 제가 보기에 여러 사건의 과학적 타당성이 명백하게 나오는 건 아니더군요. 하지만 영화에 등장하는 유일한 로봇 AMP 슈트만큼은 정말로 잘 만들어졌다는 생각이 들었습니다.

영화 〈아바타〉 제작진은 AMP 슈트에 대한 매우 상세한 설정자료를 만들었습니다. 이 자료를 찾아보니 로봇의 모델명은 '미쓰비시 MK-6 AMP'라고 되어 있더군요. 일본의 공업회사 미쓰비시가 이 영화의 배경인 서기 2154년에도 사업을 하며, 그 회사가 제작해서 판매하는 로봇이라는 설정입니다.

AMP 슈트의 키는 4미터, 폭은 2.83미터, 무게는 1.7톤으로 설정돼 있습니다. 영화나 만화에서 탑승형 로봇을 AMP 슈트와 같은 모습으로 디자인하는 경우는 거의 없습니다. 대부분은 '사람이 탑승한다'고 하면 10여 미터 이상의 거대 로봇을 묘사하기 때문입니다. 4미터 정도라면 탑승형 로봇치고는 작은 편이며, 웨어러블 로봇으로는 너무

나 큰 크기여서 어정쩡한 감이 있기 때문입니다. AMP 슈트의 크기가 이 정도인 까닭은 아마도 영화 속 외계 종족 '나비'와 맞서 싸우는 데 적합한 체구이기 때문인 것 같습니다. 나비족의 키가 지구인의 두 배 이상이니, 로봇은 조금 더 크거나 아니면 거의 비슷하지요.

어쨌든 이 정도 크기면 AMP 슈트는 상당히 육중한 기계장치입니다. 주 동력원은 기름을 태워 상한 힘을 얻는 '가스터빈' 엔진이며 보조동력장치로 연료전지(가스 등을 태워 전기를 얻는 장치)까지 달고 있습니다. 로봇에 붙어 있는 무기도 꽤 화려합니다. 30밀리미터 기관포를 로봇이 두 손으로 들고 다니며, 총 아래는 총검이 붙어 있습니다. 총을 놓쳤을 때를 대비해 나이프를 몸속에 감추고 있기도 합니다. 비상시에 쓸 화염방사기도 붙어 있습니다. 모두 지금도 있는 무기들이라 '저 정도면 100년 후에는 충분히 이 로봇을 만들 수도 있겠는데?' 하는 생각이 들었습니다.

영화 〈아바타〉는 2009년 개봉 당시 '제임스 카메론' 감독이 14년 전부터 구상했다고 밝힌 바 있습니다. 10여 년 이상 각계의 의견을 참고했을 테니 영화 속 로봇의 현실감이 뛰어난 점도 이해가 갑니다. 하지만 이 말은 제작진이 아직 웨어러블 로봇에 대한 연구가 활발하지 않은 1990년대부터 이 영화를 구상해 왔다는 의미이기도 합니다. 그래서인지 다소 로봇의 구분이 모호하다는 느낌도 들더군요.

실제로 영화 제작진은 AMP 슈트를 탑승형 로봇이라기보다 웨어러블 로봇처럼 해석한 경우가 자주 있습니다. 영화에 등장한 로봇의 정식명칭은 MK-6 AMP. MK-6는 6번째 버전이라는 뜻이지요. 로봇

▶

의 이름인 AMP는 본래 'Amplified Mobility Platform'의 약자입니다. 한국어로는 '증강형 이동플랫폼' 정도로 해석됩니다. '증강형'이란 말은 힘이 세진다는 뜻이지요. 결국 이 로봇을 입으면 '사람의 힘이 더 세어진다, 강한 힘을 내는 사람이 된다'는 뜻으로 붙인 이름 같습니다. 게다가 로봇을 '슈트'라고 부르는 것을 보면, 아바타 제작진은 분명 AMP 슈트의 기준을 탑승형 로봇과 웨어러블 로봇의 중간에 놓고 혼용한 것 같습니다.

그럼에도 AMP 슈트를 '탑승형 로봇'으로 구분하는 까닭은, 사람이 로봇에 들어가 앉은 자세로 조종한다는 점 때문입니다. AMP 슈트에는 사람이 탑승하는 조종석이 있습니다. 사람의 팔 동작을 그대로 따라 움직이지만, 로봇의 팔 속에 사람의 팔이 들어가 있지는 않지요. 의복처럼 입고 사람의 신체 동작을 보조하고 그 힘을 한층 키워 주는 웨어러블 로봇과는 기계적으로 큰 차이가 납니다.

영화는 물론 소설이나 만화에서도 소형 탑승형 로봇은 찾기 어려운데, 꼭 한 종류가 기억납니다. 1978년에 일본에서, 1982년에 우리나라에서 방영된 만화영화 〈미래소년 코난〉에 나오는 채굴용 로봇입니다. 이 만화에는 광산에서 사용하는 탑승용 로봇이 나오는데, 강화유리로 탑승 공간을 보호하지만 않았을 뿐, AMP 슈트와 크기와 형태가 비슷합니다. AMP 슈트가 전투용이긴 하지만 각종 자원 채굴용으로도 쓰인다는 점에서 제임스 카메론 감독도 〈미래소년 코난〉을 보지 않았을까 하는 생각도 듭니다.

이 밖에 영화 〈매트릭스 3: 레볼루션(2003)〉에서도 비슷한 형태의 로봇 APU(Armored Personal Unit, 개인용 무장장비)를 볼 수 있습니다. 겉모습은 AMP 슈트와 비슷한데, 거대한 기관총이 달려 있어 훨씬 더 전투용으로 묘사됩니다. 영화 〈에일리언〉의 주인공 리플리(시고니 위버 분)가 외계 로봇과 싸우면서 사용한 작업용 로봇도 생각나네요. 이 로봇은 사람의 팔다리 힘을 직접 강화하는 형태로 설계된 만큼 웨어러블 로봇 형태에 더 가까워 보입니다.

건설 및 군사용 탑승형 로봇이 나오는 미래를 꿈꾸며

사실 마징가Z나 건담과 같은 거대한 탑승형 로봇은 현실에서 직접 쓰일 가능성이 적습니다. 군사용 로봇으로 만들 가능성도 많지 않습니다. 체구가 크고 굼떠서 적 항공기의 표적이 되기에 딱 좋지요. 기술적인 문제를 떠나 실용적인 면에서도 현실화될 가능성이 크지 않습니다.

그러나 크기를 줄여 AMP 슈트만큼 만든다면 어느 정도 실용성이 생길 것으로 보입니다. 예를 들어 건설 현장의 기초공사 과정에서 투입되면 어떨까요? 커다란 돌덩어리도 쉽게 치우고, 건축물을 지지할 철근 기둥 등을 가져다 나르는 등 쓸모가 크겠지요. 필요가 없을 때는 트레일러 차량에 싣고 즉시 이동할 수 있는 크기라서 실용적입니다. 이렇게 로봇을 차에 실어서 필요한 곳에 내려놓고 작업을 시키는 방법은 일본의 만화영화 〈기동경찰 패트레이버〉에 잘 묘사되어 있지요.

▶

└ 한국형 탑승 로봇 '메소드'에 저자가 탑승해 시험 조종해 보고 있다.   한국미래기술

　이런 개념에서 실험적으로 AMP 슈트와 유사한 형태의 로봇을 개발한 연구진도 있습니다. '한국미래기술'이라는 국내 로봇 전문 기업입니다. 이 기업은 탑승형 두 발 로봇 '메소드'를 개발한 적이 있습니다. 2014년부터 연구를 시작해 2015년 1차로 로봇을 공개한 이후, 수년 동안 성능을 높이는 작업을 계속했습니다. 메소드의 키는 꼭 4미터, 무게조차 거의 비슷한 1.6톤입니다. 다분히 영화 속 AMP 슈트를 염두에 두고 개발한 것으로 여겨집니다.

　사실 사람이 탑승할 수 있는 두 발 로봇은 과거에도 있었습니다. 일본 토요타자동차가 2005년 일본 아이치엑스포 현장에서 공연용으로 쓴 '아이풋(i-Foot)'이 세계 최초입니다. 한국의 대표적인 두 발 로봇 '휴보'의 개발진도 비슷한 로봇인 휴보 'FX-1'을 개발해 2006년

▶ ▶

└ 일본에서 2006년 개발한 세계 최초의 탑승형 로봇
'아이풋(i-Foot)'. 토요타

└ 평창 동계올림픽 성화 봉송에 사용된
휴보 FX-2. 휴보 FX-1의 성능을 한층
높이고 두 팔을 달았다. 사람이 직접
조종해 물건을 집거나 옮길 수 있다.
KAIST

부산 아시아태평양경제협력체(APEC) 정상회의 전시장에서 공개한 바 있지요. 휴보 연구진은 이를 한층 개량해 두 팔까지 장착한 휴보 FX-2도 공개했습니다. 이런 로봇들은 키 2미터 남짓으로 메소드나 〈아바타〉 속 AMP 슈트보다는 작지만, 사람을 태우고 두 발로 걷는다는 점에서 유사한 기술로 보인답니다.

사실 '메소드'를 만들 때 우리나라 KAIST에서 개발한 인간형 로봇 '휴보' 개발 과정에서 얻은 기술이 상당히 투입됐습니다. KAIST 휴보 연구팀에서 2005~2006년 사이 휴보 FX-1을 개발한 김정엽 서울과학기술대 교수를 비롯한 몇몇 연구원이 '메소드' 개발에 참여했기 때문이지요.

이 밖에 사람이 탑승하는 거대 로봇은 해외에 몇 종류가 더 있습니

▶

└ 미국 기업 '메가봇'이 개발한 거대 로봇. 사람이 탑승할 수 있으며 무한궤도(캐터필러)로
이동한다.   MegaBots Inc

└ 일본 기업 '스이도바시 중공업'이 개발한 거대 로봇 '쿠라타스'. 사람이 탑승할 수 있으며
바퀴로 이동한다.   Suidobashi heaby industry

└ 거대 로봇 '메가봇'
과 '쿠라타스'는 실
제로 거대 로봇 격
투 시합을 벌였다.
두 대의 로봇 싸움
를 담은 유튜브 동
영상을 볼 수 있는
QR 코드

다. 미국의 '메가봇(Megabots)'과 일본의 '쿠라타스(Kuratas)'가 유명하지요. 이 두 로봇은 세계 최초로 '거대 로봇 결투'를 벌여 화제가 되었습니다. 그러나 이 두 대의 로봇은 두 다리로 걷지 못하며 바퀴나 무한궤도(일명 캐터필러)를 부착해 이동합니다. 이런 점에서 기술적으로 AMP 슈트나 메소드, 휴보 FX 시리즈 등과는 다소 차이가 있어 보입니다.

탑승형 로봇이 실용화되지 않는 까닭은 아직 사람이 타고 일할 만큼 안전성이 마련되지 않았기 때문입니다. 육중한 로봇이 넘어지면 안에 탄 사람이 크게 다칠 수 있고, 값비싼 로봇이 크게 파손됩니다. 두 발로 걷는 로봇은 현재도 개발돼 있지만, 복잡한 건설 현장에서 안정적으로 걸어 다닐 만큼의 힘과 안정성은 현재 기술로 확보하기 어렵습니다. 그렇다고 다리를 떼고 무한궤도나 바퀴를 달면, 현재 사용하는 중장비와 비슷해져 실용성 면에서 차이가 없겠지요. 로봇 크기가 커진 만큼 동력의 힘은 '제곱해서' 커져야 운동 성능을 발휘할 수 있습니다. 그런데 그만한 동력원을 마련하기가 쉽지 않은 것도 중요한 이유입니다.

탑승형 로봇이 현실에서 활약하는 날은 언제가 될까요? 로봇의 보행 기술과 안정화 성능이 한층 더 높아진 수십 년 이후가 될 가능성이 큽니다. 언젠간 한국의 군사 기지 혹은 각종 건설 현장에서 사람처럼 두 발로 걷는 로봇이 활약하길 기대해 봅니다.

▶

로봇의 운동 능력을
가장 현실적으로 그려 내다
〈리얼 스틸〉

SCREEN
07

영화에서 가장 흔히 보는 로봇은 사람처럼 두 발로 걷고, 두 손으로 물건을 들어 나르는 '인간형 로봇'입니다. 영어로 '휴머노이드 로봇'이라고 부르지요. 사람처럼 두 발로 걷는다고 해서 '2족 보행 로봇', '두 발 로봇' 등으로도 부릅니다. 일본 혼다에서 개발한 '아시모', 우리나라 KAIST 연구진이 개발한 '휴보' 등이 세계적으로 유명하지요.

로봇이란 단어가 굉장히 여러 의미로 쓰인다는 사실은 이제 알고 계실 것입니다. 어떤 사람은 그저 지능이 있는 소프트웨어를 로봇이라고 부르고, 어떤 사람은 무인비행기나 자율주행 자동차도 로봇이라고 부르지요.

로봇이라는 말의 어원은 '사람 대신 일을 하는 존재'라는 뜻에서 생겨났습니다. 사람처럼 생기고, 사람의 말을 알아듣고, 사람이 사는 공간에서 일을 하는 존재이지요. 그런 의미에서 '가장 로봇답다'고 부를 만한 로봇은 역시 자연스럽게 두 발로 걸어 다니는 인간형 로봇이 아닐까 생각합니다. 그렇게 생각하는 건 역시 영화 때문이겠지요. 영화에서 인간형 로봇이 자주 등장하다 보니 많은 사람이 '로봇은 저렇게 생겼을 것'이라고 은연중에 여기게 된 것이지요.

현실에선 영화와 달리 인간형 로봇을 볼 기회가 거의 없습니다. 어느 회사 사무실이나 공장 등에서 쓰이고 있지 않으니까요. 로봇을 전문으로 연구하는 연구소나 대학, 기업 등의 연구실을 찾아가면 간혹 볼 수 있습니다만, 성능 면에서 영화에서 본 것과는 차이가 크게 납니다.

더구나 영화에서 본 로봇의 모습이나 성능은 지금으로부터 '몇십 년 후의 미래'라고 생각해도 현실성이 너무나 떨어지는 것들이 많습니다. 하늘을 자유자재로 날아다니는 로봇, 무협 영화에 나오는 무림 고수들보다 더 싸움을 잘하는 로봇, 사람과 완전히 똑같이 행동하는 로봇 등을 보고 있자면 '아, 영화를 만드는 사람들이 로봇의 운동 능력에 대해 너무 큰 기대를 하고 있구나.' 하는 생각이 듭니다.

로봇 영화 중 '아, 이 정도 로봇 기술이라면 조금 먼 미래에는 충분히 운동 능력을 구현할 수 있겠다.'는 인상을 받은 한 영화가 있습니다. '로봇 복싱'이라는 독특한 소재를 들고 2011년 찾아온 영화 〈리얼 스틸〉입니다.

〈리얼 스틸〉은 1950~1960년대 미국의 소설가 '리처드 매드슨'의 소설 『스틸』을 현대 시각에 맞게 각색해 만든 영화입니다. 이 영화는 로봇 복싱 경기가 스포츠 장르로 자리 잡은 미래 모습을 그립니다. 사람들은 로봇 복싱에 열광하고, 로봇을 구입해 직업적으로 복싱 경기를 벌이는 프로모터들도 등장합니다. 복싱은 로봇에게 맡기고, 사람은 시합을 주선해 돈을 버는 것이지요.

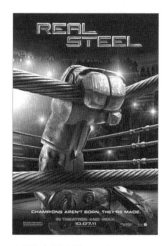

└ 영화 〈리얼 스틸〉 포스터

이 영화에 등장하는 로봇들은 사람 대신 공장에서 일을 할 능력이 없습니다. 말도 하지 못하며, 오직 미리 입력된 패턴대로 복싱만 할 수 있습니다. 이 사실 때문에 〈리얼 스틸〉은 기술 면에서 꽤 실현 가능성이 있다고 느껴졌습니다. 로봇이 인간처럼 생활하는 모든 과정에 완벽하게 대응할 수 있도록 만드는 일은 구현하기 어렵지만, 복싱이라는 제한된 조건이라면 이야기가 달라지기 때문입니다.

영화에 등장하는 복싱 로봇은 사람처럼 두 발로 걷고, 두 팔을 휘둘

└ 영화 〈리얼 스틸〉의 여러 장면들

러 싸웁니다. 잽, 스트레이트, 어퍼컷 등 복싱 기술을 자유자재로 구사하지요. 하지만 딱 거기까지입니다. 주인의 말을 알아듣고 심부름을 하거나, 청소나 설거지 같은 집안일을 하지는 못합니다. 하지만 로봇의 필수 조건인 '자동화 기능'을 포기한 건 아닙니다. 기술적으로 보면 자동화를 구현할 범위가 어디까지인가의 문제가 되겠지요. 그 범위를 좁힐수록 기술적으로 달성할 가능성도 한층 더 커집니다. 로봇을 제작하는 과학자들이 프로그램을 짤 때 고민해야 할 것들이 그만큼 줄어들기 때문입니다.

예를 조금 들어 볼까요. 로봇을 조작하는 사람이 조종간이나 음성 명령 등으로 왼손 스트레이트를 뻗으라고 명령했다고 가정해 보겠습니다. 0.1초 사이에 승부가 나는 시합 도중에 이 이상 더 자세히 지시하기는 사실 불가능합니다. 그런데 로봇은 왼팔을 강하게 내뻗으려면 여러 가지를 판단해야 합니다. 신체의 중심을 미리 잡아야 하고, 로프와 가까우면 팔이 걸리지 않도록 신경 써야 합니다. 바닥이 얼마나 미끄러운지도 계산에 넣어야 하고, 상대방이 서 있는 위치도 확인해야 합니다. 말은 쉽지만 이런 일을 기술적으로 완전하게 하나하나 가르쳐 주려면 고려할 것이 엄청나게 많습니다. 그러니 이와 같은 부분들을 자동화로 구현하는 것이지요. 복싱에 한정한다면 언젠가는 실용화될 수 있을 것입니다.

이미 비슷한 기술이 사회 곳곳에서 쓰이고 있습니다. 예를 들어 최신형 자동차는 사람이 운전대를 꺾어 차가 진행해 나갈 방향만 알려 주면, 바퀴의 미끄러짐을 스스로 파악하고 미세한 브레이크 조작 등

▶ ▶

└ 국내 KAIST 연구진이 개발한 휴머노이드 로봇 'DRC 휴보'. 재난 현장에서 사람 대신 복구 작업을 할 수 있다.
KAIST

을 자동으로 합니다. 차선을 정확하게 유지하고, 앞차를 추돌하지 않도록 돕는 기능까지 있지요. 큰 조작은 사람이 하지만, 일일이 신경 써야 하는 자잘한 일은 기계에 맡기는 것입니다.

이런 기술이 인간형 로봇 조작에 실제로 쓰인 적도 있습니다. 우리나라 KAIST(한국과학기술원) 연구진은 한국형 로봇 '휴보'를 개조한 'DRC 휴보'를 이용해 미국 국방성 산하 방위고등연구계획국(DARPA)에서 주최한 로봇 경진대회 'DARPA 로보틱스 챌린지(DRC)'에 출전한 적이 있습니다. 이 대회는 로봇이 가상의 원전폭발 현장으로 들어가 복구 작업을 하는 미션으로, 각 단계마다 점수를 받아 승부를 가립니다. 배관에 연결된 밸브를 잠그는 데 성공하면 1점, 전선을 연결해 내면 1점, 잔해를 뚫고 탈출하면 1점을 받는 식이지요.

이때 KAIST 연구진은 로봇을 원격 조작할 때 필요한 명령을 최대한 단순하게 만들었습니다. '지정한 잔해를 하나 들어서 치워라'라고 명령하면, 로봇은 주변 상황을 보고 스스로 판단해 가장 유리한 선택을 합니다. 잔해를 들어 오른쪽에 버릴지, 왼쪽에 버릴지를 알아서 처리하지요. 이런 기술이 주효했던 덕분에 KAIST팀은 이 대회에서 1위를 했습니다.

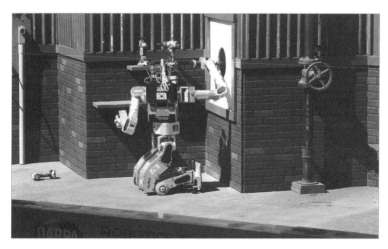

ㄴ 미국 국방성 방위고등연구계획국(DARPA)에서 개최한 '세계 재난 로봇 경진대회(DRC)'의 한 장면.

KAIST

　물론 복싱처럼 복잡한 동작을 하려면 훨씬 많은 것을 로봇에게 알려 주어야 합니다. 과거엔 이런 것들을 전부 사람이 컴퓨터 프로그램을 짜 넣어서 알려 주어야 했지요. 그러니 아주 복잡한 일은 사람이 그 과정을 모두 고려해서 프로그램을 짜 주기란 거의 불가능했습니다. 로봇이 실용화되기 힘든 중요한 이유 중 하나입니다. 그런데 요즘은 비록 낮은 단계의 기술이긴 하나, 인공지능 기법을 적용해 기계를 학습시킬 수 있게 되었습니다. 더불어 이런 기술이 구현될 가능성도 점점 높아지고 있지요.

　〈리얼 스틸〉 제작진들도 그런 과정을 일부 고려한 듯합니다. 로봇이 사람의 복싱 동작을 따라 하면서 새로운 기술을 익히는 장면도 나옵니다. 이 기술도 일부는 현재 구현이 가능합니다. 사람의 동작을 따

▶ ▶

라 하게 만드는 일은 비교적 쉬우니까요. 영화에 나오는 복싱 로봇은 전기모터보다는 유리한 유압식 액추에이터(구동장치)를 씁니다. 유압식 액추에이터는 굴삭기나 군사용 무기 등에 쓰는, 강한 힘을 내는 구동장치를 말한답니다.

이 영화를 처음 접했을 때, 로봇의 동작 하나하나를 보면서도 매우 놀랐던 기억이 있습니다. 정밀도 육중한 유압식 기계장치로 복싱 로봇을 만들었을 때 나타날 것 같은 몸동작이었기 때문입니다. 사람의 복싱 동작을 흉내 내긴 했지만, 사람의 동작을 그대로 만든 게 아니라 '로봇답게' 보이도록 연출해 적잖은 현실감이 느껴졌습니다.

공상 속 로봇 스포츠, 이미 현실서도 큰 인기

저는 이 영화를 친구와 함께 보았는데, 그 친구는 "로봇이 인간 대신 스포츠 경기를 치른다면, 사람들은 그런 시합을 정말 보고 싶어 하진 않을 것 같다."고 말했습니다. 스포츠란 사람이 뼈를 깎는 노력으로 갈고닦은 기술과 체력, 정신력을 겨루는 것인데, 로봇이 대신한다면 금방 식상해져서 사람들이 거기에 환호하진 않을 거라는 거지요.

그런데 현실을 보면 이야기가 다릅니다. 어디까지나 기술 발전이 목적입니다만, 이미 현실에서도 로봇을 이용한 스포츠 경기는 꽤 있습니다. 대표적인 것이 '로봇 축구'입니다. 아직 이 축구 경기에 출전

▶

하는 로봇은 몇 걸음 채 걷지도 못하고 넘어지거나, 공을 잘못 인식해 헛발질을 하고 넘어지는 일도 잦습니다. 하지만 두 발로 걷는 로봇이 축구 시합과 비슷한 규칙으로 승부를 겨루는 단계에는 이미 도달해 있습니다. 이 대회에 우승하면 명품 브랜드 '루이비통'에서 만든 트로피와 함께 적잖은 상금도 받습니다.

∟ 로보컵 대회 우승자에게 주어지는 '루이비통 트로피'

로봇 개발자들 사이에선 꼭 우승해 보고 싶은 대회로 통하지요. 대회 주최 측은 '2050년이면 로봇들이 인간 월드컵 우승팀을 상대할 수 있을 것'이라고 호언합니다.

∟ 평창 동계올림픽 이벤트 일환으로 열린 '스키 로봇 챌린지'. 로봇의 스키 실력을 겨루는 대회이나, 그 해 한 번만 개최하고 종료됐다.
전승민

이 밖에도 로봇들의 경기는 의외로 자주 찾아볼 수 있습니다. 차량 로봇 두 대를 철조망으로 만든 경기장에 밀어 넣고, 원격 조정으로 화염방사기, 전기드릴 등을 휘둘러 상대 로봇을 망가뜨리는 '로봇 격투' 도 상당히 인기 있습니다. 2018년 평창 동계올림픽 때, 우리나라 산업통상자원부는 로봇들의 스키경기인 '스키 로봇 챌린지'를 열어 세계적인 주목을 받았기요. 이 밖에 이동형 로봇의 일종인 '드론'을 이용한 레이싱 경기도 인기 대회가 되었습니다.

〈리얼 스틸〉의 원작자 리처드 매드슨은 정통 SF물보다는 판타지에 가까운 허구의 소설을 자주 썼습니다. 사랑하는 부인이 죽어 지옥으로 가게 되자 자신도 따라나선다는 『천국보다 아름다운』이나 좀비물의 원조 격으로 불리는 작품 『나는 전설이다』 등의 유명 작품이 그의 펜 끝에서 나왔답니다. 판타지의 대가로 불릴 만한 작가가 로봇을 주제로 쓴 작품이, 21세기인 현재에 다른 어떤 소설보다 가장 현실적인 영화로 완성됐다는 점이 무척 재미있게 생각됐습니다.

〈리얼 스틸〉에는 로봇 복싱으로 한몫 잡을 생각만 하는 아빠와 철없지만 귀여운 악동 꼬마가 등장합니다. 이 두 사람은 고철이나 다름없는 복싱 로봇 '아톰'을 주워 고장 난 부분을 고치고, 로봇에게 복싱을 가르치면서 서로의 소중함을 배워 나갑니다. 어쩐지 지루하고 어려운 기계 이야기가 펼쳐질 것 같아서 지금까지 이 영화를 보지 않았다면, 속는 셈 치고 127분을 투자해 보길 권합니다. SF 영화를 좋아하는 사람, 그리고 휴먼 드라마를 좋아하는 사람 모두가 함께 즐길 수 있는 작품이니까요.

입으면 힘이 세지는 로봇. '웨어러블 로봇'은 수십 년 동안 흥미진진한 소재였습니다. 이 로봇이 등장하는 영화나 만화, 게임 등도 수없이 많았지요. 아주 먼 과거부터 사람들은 웨어러블 로봇이 세상에 등장했으면 좋겠다고 생각한 모양입니다.

제가 영화에서 웨어러블 로봇을 처음 본 것은 1986년이었습니다. 당시 개봉한 영화 〈에일리언〉 2편에서 주인공 여전사(시고니 위버 분)가 물건을 옮기는 용도의 웨어러블 로봇을 입고 외계 종족과 싸우는 모습이 나왔습니다. 2013년에 개봉한 영화 〈엘리시움〉에서도 이런 '착용형 로봇'이 등장하지요. 웨어러블 로봇을 다룬 영화는 여럿 있었지만, 그중 대표적인 영화로는 누가 뭐래도 〈아이언맨(Screen_09)〉이겠지요. 〈아이언맨〉의 원작 만화책이 처음으로 발간된 것이 1963년이었으니, 이미 반세기도 전에 사람들은 웨어러블 로봇을 꿈꿔온 셈입니다.

슈트? 외골격? 입는 로봇도 종류가 여러 가지!

최근 영화 중 가장 웨어러블 로봇의 미래를 잘 보여 주는 영화로는 개인적으로 2014년 나온 〈엣지 오브 투모로우〉를 꼽습니다. 이 영화는 일본 작가 사쿠라자카 히로시가 쓴 소설 『올 유 니드 이즈 킬(All You Need Is Kill)』이 원작입니다. 미국 할리우드에서 일본 소설을 최초로 영화로 만든 작품이지요. 첩보 영화 〈본 아이덴티티〉를 연출한 더그 라이먼이 감독을, 유명 배우 톰 크루즈가 주연을 맡았습니다.

이 영화에는 시간 여행이 가능하다는 등 과학적으로는 다소 억지스러운 설정이 여럿 있습니다. 영화 내용도 로봇이라기보다는 외계인과의 싸움을 그려 냅니다. 하지만 영화에 등장한 전투용 웨어러블 로봇만큼은 근 미래에 실용화되기에 무척 현실적으로 그려집니다. 현재 기술로 개발 중인 웨어러블 로봇과 디자인이나 구동장치 등이 비슷하고, 성능도 너무 억지스럽지 않아 "아, 저만한 로봇이라면 언젠가 개발되겠다."는 생각이 들었습니다.

└ 영화 〈엣지 오브 투모로우〉 포스터

영화 〈엣지 오브 투모로우〉에 나

오는 전투용 웨어러블 로봇은 아이언맨처럼 형태가 멋지고 아름답진 않습니다. 쇠막대기(?)로 만든 것 같은 뼈대를 사람 몸 바깥쪽에 연결해 두고, 거기에 각종 기계장치를 붙여 놓아, 마치 실험실에서 개발하다가 만 것 같은 디자인이지요.

웨어러블 로봇을 부르는 이름도 여러 가지입니다. 인체 기능을 강화시켜 주는 장치이니 강화복(Powered Suit)이라고 부르는 사람도 있고, 사람의 몸을 감싸는 형태이니 '엑소슈트(Exosute)'라고 부르는 사람도 있습니다. 이 밖에 몸 바깥에 새로운 골격을 입는다는 뜻에서 '엑소스켈레톤 로봇(Exoskeleton Robot)'이라고 부르기도 합니다. 한국말로는 '외골격 로봇'이지요.

이 단어들은 엄밀하게 구분하면 조금씩 의미가 다릅니다. '슈트'라는 단어는 로봇이 온몸을 감싸는 디자인을 하고 있을 때 더 어울립니다. 의복이라는 뜻도 있으니까요. 엑소슈트는 입고 있는 사람을 보호하는 '갑옷' 느낌이 더 강하지요. '엑소스켈레톤'이라는 단어를 쓴다면, 몸 바깥쪽에 골격을 새롭게 만들어 준다는 의미가 됩니다. 몸 바깥에 벨크로(찍찍이) 등으로 뼈대를 넣설이고, 그 뼈대로 무거운 물건을 드는 구조일 경우에 어울리는 말입니다.

로봇이라고 부르기에는 무리가 있지만 최근에는 '소프트 엑소슈트'라는 것도 등장했습니다. 천과 가죽 같은, 진짜 옷을 만드는 재질로 슈트를 만드는 방식입니다. 그 안쪽에 모터와 강철 와이어를 내장해 사람의 몸동작을 보조해 주는 방식입니다. 슈트를 벗어서 옷걸이에 걸어 옷장에 보관할 수도 있으니 진정한 의미의 '슈트'가 아닐까 생각됩니다.

웨어러블 로봇 중 가장 보편적인 구조를 떠올리면 아마도 '외골격로봇' 종류일 것입니다. 어디선가 사람의 육체를 대신해 힘을 써야 하는데, 특별한 경우가 아닌 다음에야 굳이 갑옷처럼 만들 필요는 없지요. 무거워지고, 모터 등을 붙이기도 불편해집니다. 그러니 몸 바깥쪽에 모터나 유압식 구동장치를 붙인 뼈대를 만들어 주는 것이 가장 유리하겠지요. 지금까지 현실에서 개발된 대부분의 웨어러블 로봇이 이런 형태랍니다. 〈엣지 오브 투모로우〉에 나온 군사용 웨어러블 로봇은 이런 '외골격 형태' 웨어러블 로봇을 아주 잘 보여 줍니다.

영화에서 묘사된 성능은 꽤 대단하더군요. 달리는 자동차를 정면에서 두 팔의 완력만으로 부숴버릴 수 있으며, 양팔과 어깨에 기관총과

미사일을 달고 있습니다. '클레이모어'라는 폭파장치(폭약을 이용해 전방으로 쇠구슬 수백 개를 순식간에 날려 보내는 장치로, 흔히 대인지뢰로 쓰입니다)를 사용하기도 하지요. 모두 현대에 이미 개발된 무기라는 점에서 설득력이 있어 보였습니다. 이런 장치를 주렁주렁 매달고 다니기에 아이언맨 같은 매끈한 디자인으로는 사실 어려운 점이 많습니다. 영화 제작진은 웨어러블 로봇의 구조와 성능의 한계를 잘 알고, 가장 현실적인 디자인을 선택한 것 같습니다.

참고로 외골격 로봇(엑소스켈레톤 로봇)의 반대말로는 '엔도스켈레톤 로봇'이라는 개념도 있답니다. 이 이야기는 영화 〈터미네이터 (Screen_13)〉에서 더 이야기해 보겠습니다.

웨어러블 로봇이 실용화되기 위한 두 가지 숙제

웨어러블 로봇을 개발할 때 가장 중요한 것이 뭘까요? 바로 사람이 몸을 움직이려고 할 때, 로봇이 그 몸동작을 정확하게 따라 할 수 있게 만드는 '동조' 기술입니다. 과학자들은 이 조건을 충족하기 위해 다양한 기술들을 연구하고 있지요.

여러 방법이 쓰이는데, 금속 로봇을 입고 있는 사람의 팔이나 다리를 움직일 때 로봇의 내벽 피부가 눌리면서 생기는 압력을 이용하는 '감압 센서' 방식, 인간의 근육에서 발생하는 미세한 전기인 '근전도'

└ 미국의 방산업체 록히드마틴이 개발한 군
사용 웨어러블 로봇 '헐크'. 90킬로그램
군장을 메고도 시속 16킬로미터의 속도로
달릴 수 있다. 　　　　　　　록히드마틴

└ 미국의 방산업체 록히드마틴이 개발한 산업용
웨어러블 로봇 '포티스'. 무거운 산업장비를 고
정해 줄 수 있는 로봇 팔이 추가로 달려 있다.
　　　　　　　　　　　　　　　록히드마틴

나 힘을 줄 때 근육이 딱딱해지는 '근육 경도'를 감지하는 방식도 있
습니다. 무릎 등을 구부릴 때 생기는 힘을 측정하고, 여기에 맞춰 발
목이나 고관절을 움직여 착용자의 다리 힘을 보조하는 '토크 측정' 방
식도 최근 많이 쓰입니다. 아직은 실용화하기에 무리가 있지만 뇌파
를 측정하는 연구도 일부 성과를 거두고 있지요.

　이 기술을 바탕으로 이미 어느 정도 실용 가능한 기술이 개발돼 있
습니다. 영화만큼은 아니지만 사람이 걷거나 무거운 물건을 들 때 보조
하는 정도는 충분히 가능하지요. 미국 방위산업체인 록히드마틴이 개
발한 군사용 웨어러블 로봇 '헐크'도 유명합니다. 최근에는 산업 현장
에서 쓸 수 있는 '포티스(FORTIS)'라는 모델로 새롭게 개발했습니다.

　유럽이나 일본 등에서는 웨어러블 로봇을 의료용으로 활용하려는

▶

└ 일본 로봇 기업이 개발한 재활용 로봇 'HAL'.　　　　　　　　　CYBERDYNE

└ 한국생산기술연구원 연구진이 개발한 웨어러블 로봇 '하이퍼R1'. 소방관들이 화재 현장에 진입할 때 도움을 받을 수 있다.　　전승민

시도가 많습니다. 일본 기업 '사이버다인'은 하체 근육이 약한 노인들을 대상으로 하체 보조용 로봇 'HAL'을 공급합니다.

　우리나라 웨어러블 로봇 기술도 해외 선진국 못지않다는 평가가 많습니다. 연구기관 중에서는 한국생산기술연구원이 가장 앞서 있지요. 대형 웨어러블 로봇 '하이퍼'를 2010년 개발한 데 이어 2011년 이를 한층 간소하게 만든 하이퍼2를 개발했습니다. 최근에는 이 로봇을 기본으로 소방대원들이 화재 현장에서 사용하는 웨어러블 로봇도 개발했습니다. 이 역시 외골격 방식으로, 벨크로(찍찍이)를 이용해 로봇을 몸 바깥쪽에 입고 벗는 형태입니다.

　화재가 나면 전기가 끊어지니 엘리베이터를 쓸 수 없게 됩니다. 헬리콥터나 사다리차를 타기도 하지만 대부분은 소방관이 생존자를 수색하기 위해 화염을 뚫고 걸어서 올라가지요. 무거운 방화복을 입고 11킬로그램이 넘는 산소호흡기 세트, 여기에 도끼 등 장비도 챙깁니다. 다 합치면 30킬로그램이 훌쩍 넘지요. 이런 장비를 들고 걸어 올라가는 건 사실 불가능한 일입니다. 하지만 웨어러블 로봇을 입으면 비교적 쉽게 화재 현장까지 접근이 가능합니다. 이 밖에도 현대자동차, 국방과학연구소, LIG넥스원 등도 산업용 군사용 웨어러블 로봇 개발을 추진 중이라니, 몇 년 후면 국내에서 개발한 웨어러블 로봇도 볼 수 있을 것 같습니다.

미국에서도 이런 로봇을 개발하기 위해 노력하고 있습니다. 무거운 포탄을 손으로 들어 옮겨야 하는 군인들은 이런 로봇이 있으면 훨씬 손쉽게 일할 수 있겠지요. 영화에 나오는 것처럼, 앞으로 이런 로봇을 입고 전장을 누비려면 더 뛰어난 동조 기술이 필요할 것입니다.

└ 미국 육군이 설계한 미래의 병사

현재까지 개발된 웨어러블 로봇은 대부분 하반신 보조가 주목적입니다. 우선 두 다리에서 강한 힘을 낼 수 있어야 안정적으로 움직이기 때문입니다. 팔다리를 모두 보조하는 시스템을 만들려면 무게가 늘고 크기가 커지는 데다 훨씬 복잡한 제어 기술이 필요해 특수한 경우가 아니면 개발하지 않지요.

또한 웨어러블 로봇을 실용화하는 데 큰 숙제 중 하나가 바로 배터리 문제입니다. 미국 방위고등연구계획국이 지원해 미국 레이시온사가 개발한 웨어러블 로봇 '엑소스(XOS)'는 대단히 강한 힘을 낼 수 있고, 복싱이나 축구 동작을 흉내 낼 정도로 날렵하게 움직입니다. 90킬로그램에 달하는 짐을 가볍게 들 수도 있습니

└ 군사용으로 개발된 웨어러블 로봇 XOS.
레이시온 사르코스

다. 하지만 너무 무겁고 커서, 소모 전력도 굉장히 많은 것이 단점입니다. 매번 전선을 연결해 두고 계속 에너지를 공급해야 합니다. 이런 로봇을 실제 전쟁 상황에 쓰기는 어렵기 때문에 연구진은 배터리를 장착한 후속 버전을 개발하고 있다고 하는군요.

만약 충전식 배터리의 성능이 지금보다 수십 배 이상 높아진다면, 이 같은 형식의 웨어러블 로봇은 실제로 쓰일 가능성이 꽤 높아집니다. 스마트폰이나 노트북 컴퓨터, 전기자동차 등에도 배터리가 쓰이므로 전 세계 수많은 연구 기관에서 배터리의 효율을 높이는 연구를 하고 있습니다. 긍정적인 연구 결과도 자주 있습니다. 예를 들어, 그래핀이나 탄소나노튜브 등 미래에 쓰일 것으로 주목받는 첨단 신소재를 배터리에 적용하려는 연구도 많습니다. 이런 기술을 이용하면 배

터리 용량이나 전압을 지금의 몇 배로 늘릴 수도 있을 것 같습니다. 얼마 전에도 한국 연구진이 배터리 용량을 5배로 늘리는 전극 개발에 성공했다고 하더군요.

기술은 점점 좋아지고 있습니다. 더 뛰어난 동조 기술, 더 성능이 뛰어난 배터리 시스템만 개발된다면, 영화 〈엣지 오브 투모로우〉에서 본 에어러블 로봇은 깍이도 십수 년 이내에 따라삽을 수 있을 것 같습니다. 여기에 더 가벼워진 소재, 더 튼튼한 모터 등이 개발된다면 로봇의 성능은 더 높아지겠지요. 영화 속 로봇은 허구의 것들이 많습니다만, 이 영화에서 본 로봇만큼은 가까운 미래에 실용화되기에 충분해 보입니다.

현실 속 로봇 기술,
어디까지 와 있을까?

영화 속에선 정말 대단히 성능이 뛰어난 로봇이 끊임없이 등장합니다. 사람과

똑같이 움직이고, 사람과 똑같이 생각합니다. 어떤 로봇은 사람보다 더 뛰어

나지요. 하지만 이런 로봇은 어디까지나 영화 속에 등장하는 로봇일 뿐입니다.

우리가 살고 있는 21세기 초반, 현실 세계에서 기대할 수 있는 로봇은 어떤 것

들이 있을까요?

저는 이따금 "로봇이 귀찮은 집안일을 해 주는 날은 언제쯤 올까요?"라는

질문을 받습니다. 로봇의 일생을 그린 영화 〈바이센테니얼 맨(Screen_18)〉

을 보면 집안일을 척척 돕는 로봇 '앤드류'가 등장합니다. 로봇이 인간을 감

시·감독하기 위해 반란을 일으키는 내용의 〈아이, 로봇(Screen_19)〉, 로봇

이 자기 스스로 하나의 종족으로서 진화하는 과정을 담은 영화 〈오토마타

(Screen_20)〉에서도 가사 로봇이 집안일을 하는 모습이 나옵니다. 영화 〈로

└ 일본 산업기술연구소(AIST)가 자랑하는 산
업용 휴머노이드 로봇 'HRP' 시리즈의 5번
째 버전. HRP-5. 로봇 혼자서 인테리어 공
사를 해 낼 수 있다.　　　　　　　　AIST

└ KAIST 연구진이 개발한 휴머노이드 로봇 휴보
2. 2004년 개발됐던 휴보1의 성능을 한층 높인
모델이다. 이후 다양한 로봇 개발의 토대가 되
고 있다.　　　　　　　　　　　KAIST

봇 앤 프랭크〉에서는 치매 환자를 돕는 가사용 로봇이 등장하지요.

이와 비슷한 로봇을 현실에서도 볼 수 있습니다. 두 발로 걸어 다니는 로봇은 여러 종류가 개발돼 있고, 또 성능도 높아지고 있습니다. 일본 혼다가 개발한 아시모, 우리나라 KAIST(한국과학기술원) 오준호 교수팀에서 개발한 휴보, 일본 AIST(산업기술연구소) 등이 개발한 HRP 로봇 등이 세계적으로 아주 유명하지요. 모두 세계에서 최고 수준의 인간형 로봇들입니다. 하지만 이 로봇들 모두 간신히 걸어 다닐 뿐, 사람처럼 복잡한 공간에서 자유자재로 뛰거나 달리고, 격투를 할 만큼 뛰어나지 못합니다.

그럼에도 이런 로봇을 개발하는 (실용적인) 목적은 주로 두 가지입니다. 첫 번째는 사람의 운동 능력을 기계장치로 구현해 보려는 호기심, 즉 순수한 연구 목적입니다. 그런 기계장치를 연구하는 과정에서 많은 지식을 얻으면, 그것으로 의학 연구를 할 수도 있고, 의족과 같은 보조 장치를 만드는 데 도움이 됩니다. 두 번째로는 '재난, 구조 로봇으로 활용'하는 겁니다. 사람처럼 팔다리가 있으니, 복잡한 재난 현장에 들어가 사람 대신 구조대원으로 활동하면 좋지 않겠냐는 것이지요.

2015년 미국에서 열린 '세계 재난 로봇 경진대회'를 기억하는 사람이 많을 것입니다. 영어로는 '다파로보틱스 챌린지(DRC)'인데, 가상의 원자력발전소 사고 현장에 로봇을 투입해 사람 대신 복구 작업을 하는 기술을 겨루는 대회입니다. 이 대회에서 우리나라 KAIST 연구진이 1위를 해서 세계적인 관심을 얻었지요.

하지만 이런 로봇을 실제로 재난구조 현장에 투입하려면 아직 수십 년은 더 필요할 것 같습니다. 수없이 많은 돌발 상황이 생기는 재난 현장에서 사람처럼 능숙하게 판단하고 임무를 수행하려면 대단히 뛰어난 인공지능이 필요합니다. 그런데, 그 정도로 뛰어난 인공지능 시스템을 개발하기엔 아직 컴퓨터 시스템의 성능이 부족하기 때문입니다.

하지만 사람이 입으면 힘이 세지는 로봇, 즉 착용형 '웨어러블 로봇'의 경우는 조만간 몇몇 분야에서 실용화될 수 있을 듯합니다. 이를 위해서는 전력 공급 문제를 해결해야 하는데, 배터리의 성능을 크게 높이려는 연구가 곳곳에서 시행되고 있어 십수 년 이내 현실에서도 보게 될 것입니다.

이런 로봇보다 여러분이 가까운 미래에 늘 만날 로봇은, 다름 아닌 '자율 이동체 로봇'입니다. 로봇 기술의 범주에서 꼭 두 다리로 걷지 않고 두 팔로 일하지도 않는, 그저 '이동 기능'만 갖춘 경우를 '이동형 로봇'이라고 별도로 구분한답니다. 이 기준에 따르면 자율주행 자동차나 고성능 청소용 로봇, 하늘을 날아다니는 드론도 모두 같은 범주에 들어갑니다.

'기껏 여기저기로 움직이기만 하는 로봇이 얼마나 많은 일을 하겠냐'고 물을 수도 있겠지만 사실 이것만으로도 세상은 큰 폭으로 바뀝니다. 이미 전자상거래업체 '아마존'은 이동형 로봇 '키바'를 이용해 초대형 물류창고를 빈틈없이 관리하고 있지요. 이 기술을 주차장에 도입하면 낮고 평평한 이동체 4대를 차량 밑으로 밀어 넣고, 자동으로 차량을 주차공간까지 옮겨주는 '주차용 로봇'이 됩니다. 한 대에 작은 상자를 붙여 배달을 시키면 집 문 앞까지 피자나 치

ㄴ 창고 이송 관리용 로봇 키바.

킨을 배달해 주는 '배달용 로봇'이 됩니다. 이미 이런 배달 로봇은 실용화되기 직전입니다. 드론도 마찬가지입니다. 군사용 정찰이나 택배 배달, 비디오 영상 촬영 등을 해 내고 있지요. 이 밖에 무인 선박, 자율주행 자동차 등도 세상을 크게 바꿀 첨단 로봇 중 하나로 꼽힙니다.

최근 4차 산업혁명과 맞물려 인공지능 기술이 급속도로 발전하는 걸 생각한 다면 무인항공기(드론) 택배, 완전 자율주행 택시 등은 적어도 십수 년 이내에 는 현실로 들어올 것입니다. 영화 속 로봇만큼 화려하지는 않지만, 현실 속 로 봇도 빠르게 발전하고 있답니다. 우리가 지금 사는 모습을 그대로 영화로 촬 영해 1950년대 사람들에게 보여 준다면 어떻게 보일까요. 정말 굉장한 SF 영 화라고 생각하지 않을까요?

영화,
과학과 허구
사이에서
상상의 나래를
펼치다

"과학자들은 왜 저렇게 간단한 로봇도 만들지 못하나요?"

"이게 뭔가요. 겨우 아장아장 걸어 다닐 뿐이잖아요. 좀 더 멋지고 화려한 로봇은 없나요?"

로봇 기술에 대해 크게 관심이 없는 사람들에게 어쩌다 현실에 있는 진짜 로봇을 보여 줄 경우 대부분은 크게 실망합니다. 영화나 만화에서 화려하고 멋진 로봇을 자주 보았는데, 실제로 개발 중인 로봇은 거기에 훨씬 못 미치기 때문입니다. 영화 속 로봇은 사람들이 하지 못하던 어려운 일도 척척 해 내고, 힘들고 복잡한 일도 모두 알아서 해 줍니다. 그래서인지 사람들은 로봇에 대해 많은 기대를 갖고 있습니다.

물론 과학적인 고증에 철저한 영화도 있습니다. 그럴 경우 적잖은 과학
적 상식을 얻는 유익한 영화가 되겠지요. 하지만 '얼핏 보기에 그럴듯
해 보였던' 영화 속 첨단 과학 기술이 사실은 철저하게 허구이고, 과학
적으로는 전혀 말이 되지 않는 경우가 더 많습니다. 로봇 기술 역시 마
찬가지이고요. 과학적 검증조차 거치지 않은 채 그저 관객들에게 '그럴
듯해 보이도록' 특수효과와 컴퓨터그래픽을 이용해 만든 경우도 적지
않습니다. 이런 영화를 과학 상식이 충분하지 않은 상태에서 자주 본다
면 잘못된 과학 상식을 갖기 쉽습니다.

물론 이런 허구의 연출은 영화를 만들기 위해서 꼭 필요할 것입니다.
그러나 영화와 현실을 엄격하게 구분할 줄 아는 상태로 영화를 보는
것과 그렇지 않고 보는 것에는 큰 차이가 있습니다. 로봇이 등장하는
영화, 과연 어떤 부분이 과학적이고 어떤 점이 허구일까요?

영화 〈아이언맨〉을 모르는 사람이 있을까요? 아이언맨은 흔히 말하는 슈퍼히어로지요. 〈아이언맨〉의 주인공은 육체적으로는 아무런 능력도 없는 평범한 인간입니다. 그러나 그는 천재적인 공학지식을 이용해 로봇을 만드는 데 성공합니다. 의복처럼 몸에 착용하는 '입는(웨어러블) 로봇'이지요. 이 로봇만 입으면 하늘을 자유자재로 날 수 있고, 보통 사람보다 더 민첩해지고, 힘도 훨씬 강해집니다.

영화 〈아이언맨〉의 원작은 미국 만화책입니다. 만화 잡지 출판사 '마블 코믹스'에서 1963년 3월 처음으로 나왔고, 이후 큰 인기를 끌며 만화영화 등으로 여러 차례 만들어졌습니다. 영화 〈아이언맨〉은 2008년 1편을 시작으로 2013년 3편까지 개봉됐습니다.

〈아이언맨〉을 제작한 영화사 '마블 스튜디오'는 슈퍼히어로가 출연하는 영화를 여러 편 개봉해 최근 10년 사이에 영화계에서 가장 주목받는 회사가 됐습니다. 캡틴아메리카, 헐크, 토르, 앤트맨 등 여러 슈퍼히어로의 영화를 만들고 또 이런 슈퍼히어로들이 하나의 팀으로 뭉쳐 싸우는 〈어벤져스〉 시리즈도 개봉했지요. 이 시리즈의 인기는 아주 대단해서 개봉했다 하면 국내에서 1,000만 명에 달하는 관객들이 극장으로 몰려갑니다.

ㄴ 영화 〈아이언맨〉 포스터

〈어벤져스〉 시리즈는 여러 슈퍼영웅이 함께 이야기를 끌고 나갑니다. 이들 중 스토리의 중심을 이끄는 인물은 웨어러블 로봇을 입고 싸우는 '토니 스타크'입니다. 로봇의 힘으로 초능력자와 슈퍼영웅들 틈에서 중심적인 역할을 훌륭히 해 내는 독특한 캐릭터인 셈입니다.

얼핏 보면 과학적인 설정인데…

마블 영화에 등장하는 히어로들은 대부분 현실에 존재할 수 없는 이들입니다. 헐크는 갑자기 사람의 체구가 몇 배나 커지고, 온몸이 초록색으로 변하는 데다, 한번 변신하면 자아를 잃고 마치 짐승처럼 싸우지요. 방사선의 일종인 감마선에 노출돼서 그렇게 됐다는데, 아무리 강력한 방사선에 노출돼도 사람이 그렇게 되지는 않습니다.

또 다른 슈퍼히어로인 캡틴아메리카는 '슈퍼세럼'이라는 혈청을 맞고 신진대사가 높아지고 힘도 강해진 인물인데, 현실적으로 이런 약은 개발된 적이 없습니다. 운동선수들이 도핑 등에 사용하는 약은 있는데, 이런 약은 효과가 일시적이고 부작용도 큰 데다, 캡틴아메리카처럼 인간을 뛰어넘을 만큼 힘이 강해지지도 않습니다.

스칼렛 위치는 염력으로 물체를 움직이는 초능력자이며, 스파이더맨은 거미의 능력과 괴력을 가졌습니다. 어느 것이나 과학적으로 불가능해 보이긴 마찬가지입니다. 이런 등장인물들은 모두 과학적인 검증을 거치지 않은 공상의 산물로, 영화에선 그럴듯한 개연성만 있을 뿐 실현 가능성이 거의 없는 설정입니다.

그래서 많은 사람이 어벤져스의 멤버 중 그나마 가장 현실성이 있어 보이는 인물로 아이언맨을 생각하는 것 같습니다. 왜냐하면 '로봇'이니까요. 앞으로 기술만 점점 좋아진다면 언젠가는 가능할지도 모르니까요.

물론 아이언맨과 비슷해 보이는 웨어러블 로봇을 실제로 연구하는 사례는 여럿 있습니다. 영화만큼 높은 성능은 아니지만 이미 다양한 연구 기관에서 군사용 혹은 재난 현장에서 사용할 소방대원용으로 실용화 수준의 연구를 하고 있습니다. 과연 이런 로봇을 꾸준히 연구해서 아이언맨에 비견할 만큼 성능이 높아질 수 있을까요?

아이언맨은 날개도 없이 어떻게 하늘을 날까?

아이언맨에서 과학적으로 가장 불가능한 것 중 하나가 빠른 속도로 날아다니는 놀라운 비행 능력이었습니다. 물론 현재 기술로 하늘을 나는 기계를 만들기가 어려운 것은 아닙니다. 하지만 영화처럼 사람이 종횡무진 하늘을 날며 활약하는 모습에는 과장된 설정이 꽤 있습니다.

비행기가 하늘을 날 수 있는 이유는 뭘까요? 회전익항공기, 즉 헬리콥터처럼 날개가 빙빙 돌아가면서 날아다니는 항공기는 공기를 아래쪽으로 밀어 보내면서 하늘로 솟아오릅니다. 또 여객기나 초음속 전투기 같은 고정익항공기, 즉 몸체 양옆으로 커다란 날개가 붙어 있는 비행기는 빠른 속도로 앞으로 나아가면서 날개로 바람을 받기 때문에 떠 있을 수 있습니다. 그래서 고정익항공기가 떠오르려면 활주로가 꼭 필요하지요. 하늘을 장시간 날아다니는 기계에는 반드시 날개가 있어야 한다는 뜻입니다. 하지만 아이언맨은 날개가 아예 없으니 이 둘 중 어느 쪽도 아닙니다. 도대체 아이언맨은 무슨 원리로 하늘을 날아다니는 걸까요?

아이언맨은 손과 발에서 붉거나 푸른 불꽃을 내뿜습니다. 비슷한 형태로 하늘을 날아다니는 물건을 꼽으라면 아마 우주발사체나 미사일 등에 사용하는 '로켓' 방식인 것 같습니다. 사실 이 방법을 사용해도 사람이 어느 정도 날아다닐 수는 있을 것 같습니다. 하지만 굉장히

▶ ▶

많은 제약이 생기겠지요. 하늘로 솟아오를 수 있고, 훈련을 한다면 방향 제어를 하면서 제법 잘 날아갈 수는 있을 것입니다.

하지만 이런 로켓 방식은 연료와 산화제(산소)를 몸체에 싣고 일순간에 점화시켜 큰 출력을 내는 것입니다. 그러니 사용 시간이 매우 짧습니다. 우주발사체의 경우 몸체보다 훨씬 큰 연료탱크를 붙여도 겨우 수십~수백 초 동안만 불길을 내뿜으니 산신이 시누를 벗어납니다. 하늘을 날아 적을 공격하는 미사일도 뒷부분은 대부분 연료탱크로 돼 있습니다. 그래도 비행시간이 수십 초 정도뿐입니다. 이런 점을 생각하면 아이언맨이 하늘을 날아다니는 것이 얼마나 비현실적인지 알 수 있습니다. 만약 현실 속 아이언맨이 이 방식의 비행장치를 사용한다면, 자기 몸체보다 더 큰 추진장치를 등에 짊어져야 하고, 한 번 비행하고 나면 다시 연료를 보충하고 수리나 점검을 받아야 합니다.

이런 점 때문에 〈아이언맨〉 제작진, 그리고 아이언맨을 창조한 만화작가 '스탠 리'는 아이언맨을 기획하면서 고민을 꽤 많이 한 것 같습니다. 영화 속 아이언맨은 손바닥과 발바닥에 '리펄서'라는 이름의 압력 발생장치를 달고 있습니다. 이것을 무협지에 나오는 장풍처럼 적에게 내뿜으면 꽤 쓸 만한 무기가 됩니다. 또 이것을 땅을 향해 계속 내뿜으면서 하늘을 날아다닐 수 있습니다. 즉 리펄서는 비행장치로도 무기로도 쓸 수 있는 만능 장치입니다. 아이언맨을 만들 때 필요한 핵심 기술인 셈입니다.

그렇다면 리펄서는 어떤 원리로 움직일까요. 리펄서는 연료 등을 일체 사용하지 않고, 아이언맨의 몸속에 있는 막대한 전기에너지를 그

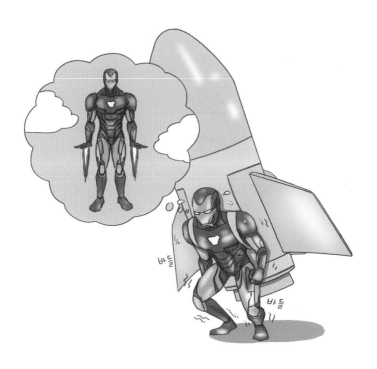

대로 압력으로 바꿔 쏘아내는 장치입니다. 모터 등으로 전기를 힘으로 바꾸어 내는 것이 아니라, 그대로 강한 압력으로 바꾸는 것입니다.

　사실 이런 장치는 아직 지구상에서 개발된 적이 없습니다. 현실에서 가장 비슷한 것을 꼽으라면 몇몇 과학자들이 연구한 적이 있는 'EM드라이브'라는 것이 그나마 가장 가까울 것 같습니다. 이 장비는 전기를 이용해 추진력을 만들 수 있을까 생각해서 개발 중인 물건이지요. 이런 종류를 흔히 '전자기 추진 엔진'이라고 부르는데, 아주 먼 미래에 우주여행 등을 할 때 쓸모가 있을 것 같아서 연구하는 것입니다. 하지만 과학계에서는 아직 실증되지 않은 기술로 보고 있습니다.

만약 실용화된다고 해도 아주 크기가 커서, 손바닥이나 발바닥에 넣고 사용하긴 불가능할 것 같습니다.

가장 큰 문제는 에너지 확보!

아이언맨 같은 고성능을 기대하지만 않는다면 방법은 있습니다. 그저 단순히 하늘을 날아다니는 것이 목적이라면 기존 항공기 기술을 잘 이용해 짧은 시간 떠서 움직이는 것은 가능하겠지요.

첫 번째로 가능한 방법은 '작은 비행기'처럼 만드는 것입니다. 인간이 만든 비행장치 중 비교적 속도가 빠르고, 비행시간도 길어 가장 많이 쓰이는 방법이 고정익항공기입니다. 이 방법을 시도한 사람들이 있습니다. 얼핏 보기에 하늘을 날아가는 성능이 꽤 뛰어나서 시속 수백 킬로미터 속도를 낼 수도 있습니다.

그런데 이렇게 일반 비행기와 같은 방식으로 만든 소형 비행장치를 입은 사람은 자기 혼자서 하늘로 떠오를 방법이 없습니다. 비행기가 하늘에 떠오르려면, 그 전에 충분한 속력이 생길 때까지 활주로를 달려가야 합니다. 이건 사람의 다리로 낼 수 있는 속도가 아닙니다. 그러니 다른 비행기를 타고 하늘에 올라가서(혹은 높은 절벽을 걸어 올라간 다음) 아래로 뛰어내린 다음에야 하늘을 날아다닐 수 있습니다. 그리고 착륙할 때는 낙하산을 써야 합니다.

▶

아니면 소형 제트엔진이나 프로펠러 등을 만들어 팔이나 다리에 붙이고, 강한 바람을 아래로 내뿜으면서 제자리에서 이륙을 하는 것도 본 적은 있습니다. 소형 프로펠러나 제트엔진을 원통형 케이스에 넣은 다음, 이것을 팔이나 다리에 붙여서 추진력을 얻는 방법입니다. 그렇게 하면 사람을 짧은 시간 동안 띄울 힘은 얻을 수 있습니다. 잘 만든다면 느린 속도(시속 수십 킬로미터 이하)로 하늘을 날아가는 것도 가능하겠지요. 실제로 이 방법으로 잠시 동안 하늘을 나는 장치도 실험적으로 개발된 적은 있습니다. 이 경우는 에너지 효율이 문제가 됩니다. 많은 양의 연료를 사용하니 비행시간이 길어도 몇십 분을 넘기가 어렵고, 그리 빠른 속도로 날지도 못하지요. 이런 비행장치를 아이언맨과 비교하긴 어려울 것 같습니다.

'제트슈트'나 '제트팩'이라는 이름으로 인터넷에서 검색해 보면 이런 '가짜 아이언맨(?)'들의 영상을 쉽게 찾을 수 있습니다. 하지만 이런 것들은 실험용으로, 혹은 일부 공학자들이 취미 삼아 만든 경우입니다. 이런 제품을 현실에 적용하려면 큰 문제가 생기는데, 바로 장시간 비행할 에너지를 확보하기가 어렵다는 점입니다. 사람의 몸은 비행기보다 훨씬 작습니다. 그러니 연료도 많이 짊어지고 다닐 수 없습니다. 기름이나 배터리를 등에 짊어지는 방법이 최선일 텐데, 비행시간이 길어야 수십 분일 것입니다.

기계장치를 개발하고 실용화하려면 가정 먼저 고려해야 하는 것이 '동력'입니다. 기계를 움직일 힘을 만들 핵심 부품을 확보하지 않으면 결국 쓸모없는 장치가 되겠지요. 아이언맨과는 비교조차 못할 만큼

▶▶

성능이 낮은 비행장치마저 에너지가 모자라 몇십 분 이상은 움직이지 못할 정도이니, 정말로 아이언맨과 같은 로봇을 입고 자유자재로 장시간 움직이려면 상상도 하기 어려울 정도로 많은 에너지가 필요할 것입니다.

그렇다면 영화 속에서 아이언맨은 어떤 방법을 써서 지속적으로 에너지를 공급했을까요? 영화 속 아이언맨은 '아크 리액터'라는 초소형 발전장치를 개발해 이 문제를 해결했습니다. 아크(Arc)는 기체 속에서 전기가 방전되며 생기는 밝은 전기 불꽃의 일종을 나타내는 말입니다. 벼락도 이것과 비슷한 현상이지요. 리액터는 한국말로는 '반응장치' 정도로 번역할 수 있습니다. 그러니 아크 리액터는 '특수번개 반응장치' 정도로 적으면 될까 싶습니다. 그 이름에서 알 수 있듯이, 특수한 물질을 반응시켜 대량의 전기를 만드는 장치입니다. 이를 설명하기 어려웠는지 영화 속 자막으로는 '아크 원자로'라고 부르더군요.

이 아크 리액터는 크기가 손바닥보다 작은데, 영화 속 대화에 따르면 아이언맨 초기형에 사용한 모델은 초당 3기가 J(줄), 즉 3기가 W(와트)에 해당하는 에너지를 냅니다. 초대형 원자력발전소 하나가 1기가와트 정도의 에너지를 생산합니다. 아크 리액터는 나중에는 출력이 더 좋아져 12기가와트 이상을 낼 수 있었다는 설정도 있습니다. 현실적으로 불가능한 수치라는 걸 쉽게 알 수 있습니다.

영화 속 아크 원자로의 모습을 보니, 현실에서 이와 가장 비슷한 것은 아마 '핵융합장치' 정도인 것 같습니다. 하지만 핵융합장치라 해도 원자력 발전보다 효율이 겨우 몇 배 더 좋을 뿐입니다. 몇십 년 후 미래가 되면 핵융합장치도 실용화될 것 같습니다. 그리고 크기도 점점 소형으로 변하겠지요. 하지만 핵융합장치를 아무리 작게 만든다 해도 손바닥만 한 크기로 만드는 건 현실적으로 어려울 것 같습니다. 대형 선박이나 잠수함, 혹은 아주 먼 미래에 정말로 기술이 좋아진다면 빌딩용 에너지 공급장치 등으로 사용이 가능하겠지요. 하지만 그보다도 몇 배 이상 성능이 뛰어나며, 크기도 훨씬 작은 아크 리액터 같은 에너지 발생장치는 물리적으로 개발이 불가능해 보입니다.

현실적으로 개발 가능한 건 'MK-I' 뿐이다

〈아이언맨〉이 처음 개봉된 건 2008년입니다. 그다음 속편들이 연이어 제작됐고, 〈어벤져스〉 등 다양한 영화에도 아이언맨이 등장합니다. 회를 거듭할수록 아이언맨은 점점 성능이 좋아집니다. 〈아이언맨〉 1편에서 주인공 토니 스타크는 테러리스트들에게 잡혀 동굴에 갇히는데, 거기서 각종 부품을 모아 아이언맨의 첫 번째 모델인 MK(마크)-I을 만듭니다. 쇠를 두드려 온몸을 감싸는 갑옷을 만들어 붙였고, 무기는 화염방사기 같은 것만 달려 있었습니다. 비행이 가능하나 로켓 엔진을 써서 단 한 번만 하늘로 솟아오를 수 있었습니다. 영화를 보면서 '어, 저 정도면 가까운 미래에는 만들 수 있을지 모르겠다.'는 생각을 했습니다.

하지만 MK-II를 지나면서, 현실적으로 만들 수 있는 과학 기술의 영역을 아득히 넘어갑니다. 나중에는 로봇의 부품이 제각각 분리돼 따로따로 날아다니는가 하면, 아예 로봇 자체를 나노입자로 바꿔 목걸이로 만들어 걸고 다니는 등 물리적으로 불가능한 설정도 나옵니다.

물론 웨어러블 로봇 자체는 실존하는 기술입니다. 로봇을 입으면 힘이 세진다거나, 인공기능 비서의 도움을 받아 능숙아세 삭선을 지시하는 모습 같은 기본적인 기능은 분명 설득력이 있습니다. 하지만 아이언맨이 다른 웨어러블 로봇과 차별화되는 핵심 장치, 아크 리액터와 리펄서의 존재는 과학적으로 검증이 어려운 허구의 스토리로 보아야 할 것 같습니다.

아이언맨은 모든 로봇공학자가 꿈꾸는 '궁극의 웨어러블 로봇'으로 손색이 없어 보입니다. 하지만 화려한 무기를 쏘아대며 하늘을 멋지게 나는 아이언맨은 영화 속에만 볼 수 있다는 사실도 꼭 기억해야 합니다. 얼핏 과학 기술처럼 보이는 아이언맨의 멋진 모습에는 상당히 비과학적인 설정도 적잖게 숨어 있기 때문입니다.

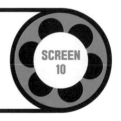

　영화에 등장하는 로봇은 크게 두 부류로 나뉩니다. 첫 번째는 로봇이 인간처럼 완벽한 자아를 갖춘 '인조인간'입니다. 이 경우엔 대개 '인간만큼 똑똑한 로봇이 인간사회에서 겪는 부조화'가 갈등의 중심에 놓입니다. 어떤 로봇은 '나는 왜 사람이 되지 못할까' 하는 고민을 겪고, 어떤 로봇은 '로봇 중심의 세상을 만들자'며 인간을 적대시합니다. 영화 〈에이 아이(A.I.)〉, 〈바이센테니얼 맨〉, 〈아이, 로봇〉, 〈터미네이터〉 등 수많은 영화가 이 같은 부류에 들어갑니다.

　두 번째 부류는 로봇의 기능이 제한적입니다. 자아가 없고 인간의 도구처럼 쓰이지요. 그러니 갈등의 주인공도 어디까지나 인간입니다. 로봇 복싱을 주제로 한 〈리얼 스틸〉, 거대 로봇과 괴수의 전투를 그린 〈퍼시픽 림〉, 소리 추적 기능을 가진 로봇으로 잃어버린 딸을 찾는 〈로봇, 소리〉 등이 있습니다.

ㄴ 영화 〈써로게이트〉 포스터

그런데 이 두 종류로 구분하기 매우 애매한 영화가 한 편 있습니다. 바로 2009년 개봉한 영화 〈써로게이트〉입니다. 이 영화에 나오는 로봇(영화에선 로봇이 아니라 '써로게이트'라고 부릅니다)은 자아가 전혀 없습니다. 하지만 거의 인간 같은 외모이고, 운동 능력도 인간보다 훨씬 뛰어납니다. 이 로봇은 지능이 없는 대신 로봇의 주인, 즉 인간의 뇌와 직접 연결돼 인간 대신 출근하고, 클럽에 놀러 갑니다. 오감을 완전하게 전달하기 때문에 여행지에 이 로봇을 대신 보내자고 하거나, 다른 인간이나 써로게이트와 성행위를 하는 장면도 나옵니다.

의식만으로 로봇을 조종할 수 있을까?

〈써로게이트〉는 로봇 영화 〈터미네이터 3〉, 전쟁영화 〈U−571〉, 슈퍼히어로 영화 〈핸콕〉 등 액션이나 SF 영화를 자주 연출한 조나단 모스토우 감독이 메가폰을 잡았습니다. 유명 배우 브루스 윌리스가 주연을 맡아 화제가 됐지요. 브루스 윌리스는 이 영화에서 로봇과 인간 '그리스' 사이에서 자아가 오가는 모습을 자연스럽게 연기해 영화의 현실감을 한층 높여 주었습니다.

이 영화 속 세계관에서 인간들은 대부분 '써로게이트'라는 로봇을 보유합니다. 로봇의 주인은 머리에 특수장치를 뒤집어쓰고 침대나 안락의자에 누워 있고, 대신 써로게이트의 몸을 자신처럼 움직입니다. 로봇을 충전용 장비에 집어넣고 전원을 끄면 주인은 의식을 되찾아 본래 자신의 몸을 움직일 수 있습니다. 즉 로봇의 몸에 인간의 의식을 옮겨 넣어 마치 자신의 몸처럼 쓸 수 있지요. 영화에서 일어나는 모든 갈등은 그 주체가 로봇이지만, 실상 인간이기도 합니다.

써로게이트 시스템은 인간의 몸 일부를 기계장치로 바꾼 사이보그, 즉 〈로보캅〉이나 〈600만 달러의 사나이〉 같은 작품 속 로봇과는 차이가 아주 큽니다. 아이언맨처럼 인간이 더 강한 힘을 내도록 돕는 웨어러블 로봇과도 다르지요.

간혹 〈써로게이트〉와 비슷한 설정을 다른 영화나 만화에서 볼 수 있습니다. 〈써로게이트〉와 같은 해인 2009년 말 나온 영화 〈아바타〉의 주인공은 유전자공학을 이용해 만든 외계 인공생명체의 몸에 자신의 정신을 집어넣어 움직입니다. 그러나 로봇과 인간의 몸을 오고 가는 시스템을 일상생활에 이용한다는 설정은 제가 알기에 〈써로게이트〉가 유일합니다.

써로게이트 시스템이 실제로 쓰인다면 현실적으로 대단히 큰 장점이 있을 것입니다. 인간은 사기 몸을 안전한 집안에 두고 위험한 일들을 얼마든지 할 수 있게 되니까요. 영화에는 써로게이트를 자신의 방에 보관하는 사람이 나옵니다. 이렇게 되면 이 사람은 출근 전에 자기 자신이 침대에 누워 있는 모습을 내려다보면서 집을 나서겠지요. 이런 일이 번거롭다면 회사에 써로게이트를 놔두고 다닐 수도 있습니다. 아침에 일어나 써로게이트 시스템을 머리에 뒤집어쓰기만 하면 순식간에 직장에서 일을 할 수 있으니 지구 반대편에서 사는 사람도 얼마든지 직장을 얻을 수 있습니다. 실제로 이런 장면이 영화에서도

사람

써로게이트

나옵니다. 의자에 앉아서만 일하는 화면 모니터링용 써로게이트 시스템을 이용해 아르바이트를 하는 사람도 등장하지요.

영화 속에선 가정용 써로게이트와 군인, 경찰 등의 써로게이트는 그 성능에 차이가 있습니다. 일반인은 적당한 범용 시스템을 구매해 일상생활 정도만 가능합니다. 반면 형사나 군인들은 육체 능력이 뛰어난 고성능 시스템을 갖출 수 있습니다. 한 등장인물은 "업그레이드를 맡겼더니 임시로 이런 고물을 줬다."고 말하기도 합니다. 자신의 써로게이트로 정밀한 동작을 하기 어려워 문에 열쇠조차 똑바로 꽂아 넣질 못해 결국 옆에 있는 써로게이트에게 부탁하는 장면도 나오지요.

이런 시스템을 응용하면 군사용으로도 대단히 쓸모가 있을 것 같습니다. 군인들은 이 시스템을 이용해 전쟁 상황에도 죽음을 두려워하지 않고 적군을 향해 달려 나갈 수 있겠지요. 로봇이 파괴되면, 즉시 새 로봇을 부여받아 다시 작전지로 나설 수 있습니다. 영화 속에선 군인들이 써로게이트로 의식을 옮겨 넣은 다음, 사고를 두려워하지 않고 실전 훈련을 하는 장면이 그려집니다.

〈써로게이트〉를 보면서 가장 의문스러웠던 기술은 통신 기술 분야입니다. 현실에서는 그만한 통신 속도를 확보하기 어렵습니다. 써로게이트를 자신의 몸처럼 사용하려면, 어찌 됐든 인간의 두뇌에서 오는 신호를 거의 시차 없이 로봇에게 보내야 하고, 동시에 로봇이 느낀 오감을 모두 컴퓨터 신호로 바꾸어 전송받아서 느껴야 합니다. 이런 감각을 모두 컴퓨터 신호로 바꾼다면 막대한 양의 데이터가 생겨나겠지요. 현재 기술로 억지로 이런 시스템을 만든다면, 아무리 고성능 컴퓨터를 사용해도 상당한 시차가 생길 것입니다. 현실에서 이를 자신의 몸처럼 사용하기는 어렵다고 본 이유 중 하나입니다.

물론 통신 속도나 컴퓨터 처리 속도는 꾸준히 발전해 왔습니다. 따라서 이런 '처리 속도' 문제는 시간이 지난다면 해결할 여지가 있습니다. 이보다 더 궁금한 건 실제로 통신을 연결할 접속 기술입니다. 먼 기기에 있는 써로게이드를 인간과 어떤 방법으로 연결일까요?

상식적으로 생각할 수 있는 매개체는 전파뿐인데, 전파를 이용하려면 반드시 기지국이 있어야 합니다. 현재 인간이 보유한 기술 중에는 인공위성이나 휴대전화 기지국이 가장 비슷한 시스템일 것입니다. 잘 구성하면 국가 전역에 전파를 보내고 받을 수 있겠지요.

하지만 전파가 잘 닿지 않는 '음영지역'이 생깁니다. 이 문제를 완전히 해소하긴 불가능하답니다. 차량용 위성 TV, 스마트폰 등을 사용해 보면 현실적으로 수없이 많은 끊김 현상이 발생하고, 전파의 혼선 등도 나타납니다. 휴대전화는 통신이 잠시 끊어진다면 다시 전화를 걸면 되지만, 의식의 전달이 일순간 끊어진다면 잠시 기절한 것과 마찬가지입니다. 현대의 과학 기술로 이를 완전히 해소하기란 아직 불가능해 보입니다.

물론 과학적 해결책이 아주 없지는 않습니다. 음영지역이 발생하지 않는 전파 이외의 매개체, 예를 들어 중력파 같은 것을 통신수단으로 이용하는 경우도 상상해 볼 수는 있습니다. 물론 이런 매개체는 현재 그 존재가 밝혀져 있을 뿐, 이를 이용해 통신할 방법을 찾는 건 아직 미지수입니다.

'두뇌의 비밀'이 풀려야 가능한 감각 공유

영화에서 써로게이트 시스템은 사람이 원하는 행동을 로봇에게 완벽하게 전달할 뿐 아니라, 로봇의 몸으로 느끼는 촉각, 시각, 청각 등 모든 감각을 완전히 인간에게 보내 줍니다. 이만한 시스템을 만들려면 인간이 느끼는 오감과, 인간의 두뇌가 지닌 운동해석 능력을 완전히 파악해야만 가능하겠지요.

영화 〈써로게이트〉에서는 인간의 뇌파를 분석해 로봇을 조작한다는 설정이 나옵니다. 이것이 틀린 설명은 아닙니다만 이 원리 그대로 의식으로 조종하는 로봇을 만들 수 있을지는 미지수입니다. 뇌파는 인간의 두뇌 활동 결과, 자연스럽게 생겨난 파장에 불과합니다. 실제로 뇌 속에서 어떤 원리로 의식이 생겨나고, 어떻게 의사판단이 이뤄지는지는 아직 인류가 쌓아온 지식의 영역 바깥에 있지요. 그러니 '뇌파' 분석에 성공한다고 해서 인간의 오감과 사고를 모두 해석할 수 있을지는 모르는 일입니다.

인간의 뇌에서 직접 정보를 얻는 방법은 굉장히 여러 기술로 개발되는 중입니다. 두뇌 속 혈관을 흐르는 혈액의 양이 어떻게 변하는지를 알아볼 수 있는 FMRI(기능성자기공명영상촬영), 뇌에 직접 전극을 찔러 넣고 미세한 전류변화를 측정하는 뇌침습수술, 뇌에서 혈액이 흐르며 생기는 미세한 전류를 읽어 내는 EEG 시스템, 두개골을 통과해 뇌 속 혈관의 흐름을 알아볼 수 있는 '근적외선 촬영 시스템', 뇌에서 생기는 미세자기장을 읽어 내는 '뇌자도 기술' 등 다양하지요.

하지만 어느 것이든 아직 효율이 뛰어나지 못하고, 뇌에서 생기는 단편적인 정보만을 읽어 낼 수 있을 뿐입니다. 인간의 의식이나 오감 전체를 읽어 낸다는 건 억지스러운 설정이라 할 수 있습니다.

물론 이런 시스템을 이용해 팔이나 다리를 어느 정도 움직이는 실험에는 성공했습니다. 원숭이가 로봇 팔을 움직여 먹이를 집어먹게 만들거나, 인간이 다리를 조금 움직여 축구공을 차게 만든 사례도 있습니다. 한국인 과학자가 강아지의 뇌파를 분석하고, 그 뇌파의 패턴에 따라 미리 녹음한 여러 가지 답변 중 하나를 선택해 이를 스피커로 들려주는 '동물 대화장치'를 개발한 사례도 있지요.

하지만 써로게이트처럼 로봇과 완전히 오감을 전송받고, 로봇의 신체를 마치 자신의 것처럼 자유롭게 조종하려면 인간의 두뇌가 어떻게 감각을 인지하고 해석하는지, 그 비밀을 거의 완벽하게 풀어내야 합니다. 이는 아직 인간이 얻은 지식 영역 밖이라 지금으로서는 성공 여부를 점치기조차 어렵습니다. 물론 먼 미래까지 불가능하다는 말은 아닙니다. 이 정도면 과학적으로 완전히 불가능한 영역은 아닌 만큼 허무맹랑한 판타지 영화로 구분하지는 않아도 될 듯합니다.

〈써로게이트〉는 2009년 당시로서는 꽤 파격적인 '로봇과 인간을 원격으로 연결한다'는 생각으로 로봇 영화 역사에 큰 획을 그은 작품입니다. 인간과 로봇의 연결, 로봇 기술이 극도로 발전하며 생겨난 독특한 세계관 등도 주목해 볼 만합니다.

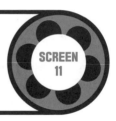
"어디선가 누구에게 무슨 일이 생기면…."

1970년대 TV에서 큰 인기를 끈 만화영화 중 〈짱가〉라는 작품
이 있었습니다. 〈짱가〉의 원제목은 〈아스트로 강가(アストロガンガ
Astro-Ganga)〉로, 1972년 일본 NHK와 니폰 TV에서 총 26편으로
제작해 방영된 TV 시리즈였습니다. 한국에서는 동양방송(TBC, 지금
의 KBS2)에서 1978년 〈짱가의 우주전쟁〉이라는 제목으로 방영한 바
있습니다.

짱가는 바이오 로보트 짱가, 우주소년 짱가 등으로도 불렸습니다.
저는 짱가를 TV에서 직접 본 기억은 없는데, 철이 들 때까지 짱가의
주제가는 꽤 자주 듣고 자랐답니다. 운동회 응원곡 등으로도 상당히
자주 불렸습니다.

└ 영화 〈트랜스포머〉 포스터

짱가의 특징은 살아 있는 금속을 이용해 만든 로봇이라는 점입니다. 사람처럼 지능이 높고, 주변과 교감합니다. 완전하게 스스로 인식하는 '자아'를 지녀서 기계장치가 아닌 하나의 생명체로 묘사됩니다. 구인공 '호시' 박사의 아들 칸타로가 탑승하면 한층 더 능력이 강력해지지요.

금속 기계장치가 자의식을 가지고 살아 움직이다니, 이게 말이 될 법한 설정일까 싶지만 의외로 비슷한 설정의 로봇이 또 있습니다. 전 세계적인 인기를 끈 로봇 영화 〈트랜스포머〉 시리즈입니다.

일본에서 태어난 미국 로봇

트랜스포머는 본래 장난감 제작을 위해 만들어진 캐릭터였습니다. 처음으로 트랜스포머 캐릭터를 디자인한 건 일본의 유명 만화영화 〈마크로스〉 시리즈의 메카닉 디자이너 '카와모리 쇼지'라는 사람이었습니다. 그가 1980년에 장난감 회사 '타카라'를 위해 '미크로맨'과 '다이아크론'이라는 로봇 두 대를 디자인해 준 게 트랜스포머의 시작입니다.

　여담입니다만, 미국의 경우 캐릭터의 소유권, 즉 저작권을 회사가 지닌 경우가 많습니다. 우리나라의 경우 만화를 그리거나 소설을 쓰는 작가가 캐릭터를 개발해 그 소유권을 갖고, 그 판매권(판권)을 회사 등에 제공해 공동으로 일을 하지요. 예를 들어 어떤 작가가 새로운 로봇을 디자인하고 그 로봇이 등장하는 만화를 그려 인기를 얻으면, 그 로봇이 등장하는 모든 작품의 판매 권한은 작가와 계약을 한 회사가 전담합니다. 그리고 그 회사가 얻은 이익을 작가에게 나누어 주는 방법입니다.

　이와 달리 미국은 캐릭터를 기획하고 디자인하는 단계부터 회사 차원에서 적극적으로 개발하고, 그 저작권을 사람이 아닌 회사가 소유합니다. 일본은 그 중간 정도 되는 것 같아요. 사람이 저작권을 가진 경우도 많지만 회사가 가진 경우도 많습니다. 로봇이 등장하는 작품 중 〈마징가Z〉는 원작자인 '나가이 고'가 저작권을 가지고, 그 판권을 가진 회사가 계약에 따라 다양한 제품을 만들어 판매합니다. 하지만 〈건담〉의 경우는 '반다이'라는 회사가 저작권을 가지고 있습니다. 저작권이란 거래의 대상이 되지 않으므로, 저작권이 없다면 그 판권을 사 와야 하지요.

　트랜스포머도 비슷했습니다. 일본 회사로부터 세계적인 장난감 회사 '해즈브로'가 미크로맨과 다이아크론의 판권을 독점적으로 사 옵니다. 이렇게 캐릭터를 사들인 해즈브로는 대중에 친밀한 설정을 만들기 위해 트럭, 자동차, 중장비 등 주변에서 흔히 보는 기계장치로 변

신한다는 설정은 그대로 두고 여러 가지 변화를 추구했지요. 당시 유행에 따라 사람이 직접 탑승하는 로봇으로 설정했는데, 이를 지능을 가진 금속 생명체로 바꾸고, 디자인에도 적잖은 변화를 주었습니다.

물론 '살아있는 로봇'이라는 개념은 트랜스포머보다 수년 앞서 나온 작품 〈이스트로 강가(한국명 짱가)〉에서 처음 쓰였습니다. 그래서인지 여기서 모티브를 얻었느냐, 표절인 것은 아니냐는 다양한 의견이 만화 애호가들 사이에서 나오기도 합니다.

어쨌든 해즈브로는 이 로봇의 캐릭터를 세계적인 만화 잡지 출판사인 마블 코믹스(「아이언맨」과 「헐크」, 「캡틴아메리카」 등의 작품을 출간하는 바로 그 마블입니다)와 계약을 맺고, 등장 로봇들의 이름도 조금씩 변경해 새로운 만화로 출간합니다. 그리고 그 작품이 원형이 돼 만든 영화가 〈트랜스포머〉입니다.

자유자재로 변신 가능한 '금속 생명체'가 과연 가능할까?

영화 〈트랜스포머〉를 SF(사이언스 픽션)로 구분하기는 어렵습니다. 여러 차례 말씀드렸듯이 SF는 과학적으로 어느 정도 타당성이 있어야 합니다. 그렇지 않은 작품은 SF가 아니라 판타지가 되지요.

이 작품은 로봇 영화인데도 과학적으로 보았을 때 현실성이 너무 떨어집니다. 트랜스포머의 특징은 말 그대로 변신한다는 것인데, 중앙에 있는 코어(핵)만 무사하다면 몇 번을 망가져도 복구가 가능합니다. 또 필요하면 원하는 형태로 모습을 바꿀 수 있습니다. 어떤 모습으로도 변신이 가능하지요. 〈트랜스포머〉에 나오는 범블비나 옵티머스프라임 등 변신 로봇이 트럭이나 스포츠카같이 자동차의 모습을 하고 있는 건 순전히 로봇의 개인적인(?) 취향 때문으로 보입니다.

이 비밀은 〈트랜스포머〉 4편에서 비교적 상세하게 언급되는데, 외계 금속 물질을 나노미터(nm, 10억분의 1m) 단위로 분해한 다음, 원하는 모양으로 순식간에 재구성하면 변신이 가능하다는 그럴듯한 해석을 내놓습니다. 영화 〈아이언맨〉이나 〈어벤져스〉, 〈스파이더맨〉 등에도 비슷한 장면이 나오지요.

하지만 이런 설정은 과학적으로 실현되기가 어렵습니다. 물질을 재구성하고 형태를 다시 튼튼하게 굳힐 만큼 강한 힘을 내는 에너지(예를 들어 자석에서 내는 힘과 비슷한), 혹은 순식간에 입자의 구조를 바꿀

▶ ▶

└ 영화 〈트랜스포머〉의 장면들

만한 초고속 화학반응이 있을 가능성이 매우 낮기 때문입니다.

다만 기초 수준에서 금속 물질을 쌓아 재구성하는 건 이미 현실로도 가능한 단계에 있는데, 이미 널리 쓰는 3D프린터 정도가 아닐까 합니다. 만약 기술이 비약적으로 발전하고 트랜스포머들이 모습을 바꾸기 위해 특수한 변신장치 속으로 들어갔다 나오는 식이라면 과학적인 개연성이 조금 더 생길 것 같습니다.

사실 변신만으로 SF가 아니라고 하기는 무리일지도 모르겠습니다. 미래에 이제까지 몰랐던 화학반응 등이 밝혀진다면 변신이 가능할 수도 있으니까요. 그보다 큰 문제는 '코어'에 있습니다. 코어는 〈트랜스포머〉에 나오는 로봇들을 움직이는 핵심 동력이자, 정신 그 자체로 묘사됩니다. 즉 어떤 조그마한 구슬 같은 것에 응축시켜 담은 에너지

▶

가 자의식을 갖는 것입니다. 이렇게 되면 사실상 거의 유령이나 신의 영역으로 보아도 무방합니다.

그렇다면 코어 시스템이 아니라도 좋으니, 강가나 트랜스포머처럼 애초에 금속 자체가 자의식을 갖는 '생명체'의 탄생이 가능할까요? 대부분 불가능하다고 보지만 학자에 따라 일말의 이견이 있습니다.

비슷한 현상도 일부 보고되었습니다. 2017년 중국과학기술원 연구원들이 금속 액체를 수소이온 용액이나 알칼리 용액에 넣었더니 움직이고 합쳐지고 분화하는 모습을 보였다고 합니다. 이 모습이 마치 현미경으로 들여다본 생물의 세포와 같은 모습으로 보였다는 보고가 있었지요. 이후 '액체금속 로봇 개발 가능한가'라는 주제로 한동안 화제가 되었습니다. 이는 화학물질에 반응한 금속의 움직임이 살아 있는 것처럼 보였을 뿐, 실제 생명현상으로 보긴 어렵다는 평가를 받았지요.

다만 트랜스포머는 '외계인'이라는 설정을 갖는데, 이 점에서 일부의 가능성이 존재합니다. 지구의 생명체는 세포가 진화하면서 물질교환을 하며 생명현상을 이어 나갑니다. 그리고 진화를 통해 복잡한 생체 시스템과 지능을 갖게 됐지요. 그러나 전혀 환경이 다른 외계라면 어떨까요? 외계에서라면 인류가 보기엔 금속일 뿐인 물질로 생명현상을 유지할 가능성을 완전히 부정하기는 어렵습니다. 그 때문에 일부 과학자들은 '금속 생명체'에 대해 "가능할 수도 있다."는 입장을 내놓기도 합니다.

가장 비슷한 사례를 찾아볼까요. 금속 생명체 정도는 아니지만, 아주 극단적인 환경에서 생명체가 전혀 예상치 못한 방향으로 진화한 사례가 밝혀지기도 했으니까요. 대표적인 사례가 미국 항공우주국 (NASA)이 2010년 발표한 연구 결과입니다.

보통 생명체에 빠져서는 안 되는 중요한 구성 물질 중 하나로 '인'을 꼽습니다. 그런데 NASA 연구진은 인 대신 독극물 '비소'를 기반으로 살 수 있는 박테리아를 실험적으로 배양하는 데 성공했습니다. NASA는 당시 "외계 생명체의 증서를 탐색하는 노력에 '충격적인 영향'을 줄 우주생물학적 발견"이라는 거창한 말을 쓰며 연구 성과를 자랑했습니다. 이 정도라면 먼 미래엔 '세포막을 금속과 비슷한 물질로 치환해 성장할 수 있는 미생물을 발견했다'는 발표가 나오더라도 이해가 안 갈 일은 아닐 것 같습니다. 물론 그렇더라도 변신을 할 수는 없겠지요.

언젠가 한 로봇공학자와 이야기를 나눈 적이 있는데 "〈트랜스포머〉에 나오는 것과 같은 로봇을 만들 수 있는 실마리라도 얻어 보고 싶다."는 말을 들었습니다. 트랜스포머는 세계적으로 큰 인기를 끌고 있는 캐릭터입니다. 과학적인 사실과 다소 차이가 있지만, 트랜스포머라는 이름이 로봇과 기계공학을 좋아하는 사람에게 '결코 이룰 수 없는 완벽한 메커니즘'이라는 꿈으로 다가오기엔 충분해 보입니다. 그 정도면, 트랜스포머도 과학 기술의 발전에 나름대로 한 몫 기여하고 있는 건 아닐까요.

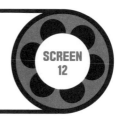

SCREEN 12

사람의 기억과 자아를
로봇에 전송할 수 있을까?

〈채피〉

만약 완벽한 인공지능을 가진 로봇이 나온다면 그 로봇은 자신의 존재를 증명하기 위해 어떤 행동을 할까요. 인간 사회에 녹아들기 위해 기회를 엿보진 않을까요. 혹 자신의 창조주인 인간(?)에게 인정받고 싶어 부단한 노력을 할까요. 그도 아니면, 인간보다 뛰어난 지능과 튼튼한 몸을 무기로 인간을 지배해 보겠다고 생각하지는 않을까요.

많은 영화에서 자아(스스로 존재를 인식하는 것)를 가진 고성능 인공지능 로봇이 등장합니다. 컴퓨터로 만든 고성능 자동화 판단 기능(요즘 이런 프로그램을 '약한 인공지능'이라고 부르며 다양한 분야에서 씁니다. 유명한 알파고도 이런 인공지능이지요)이 아닌, 사람처럼 완전한 사고 능력을 지닌 로봇이 나오지요.

이런 영화는 대부분 로봇이 완전한 인공지능을 가지면서 생기는 에피소드를 그립니다. 스토리는 크게 두 종류로 나뉘는데, 첫째는 인

▶ ▶

간에게 반항하거나 한발 더 나아가 지배하려 드는 경우입니다. 영화 〈터미네이터(Screen_13)〉가 대표적이지요. 두 번째로는 인간 사회에서 인정받지 못하는 자신에 회의를 느끼며 갈등하는 스토리입니다. 이 경우 등장인물과 로봇 사이의 복잡한 감정 교류를 그려 내야 하니 스토리는 좀 더 어렵고 추상적인 편입니다.

하지만 이 두 가지 경우도 구분하기 어려워 보이는 영화가 있었습니다. 인간을 적대시하거나 지배하려 들지도 않았고, 인간과의 관계에 대해 고뇌하지도 않았습니다. 그저 태어났으니 '살고 싶다'며 몸부림치는 모습을 보이지요. 적어도 제가 본 영화 중에서, 로봇을 자기 삶이 끝나가는 것을 두려워하고, 살아남기 위해 발버둥 치는 존재로 그려 놓은 것은 이 영화뿐이었습니다. 그간 영화에서 삶에 대한 욕구를 보여 주는 로봇은 찾기 어려웠기에 그 설정만큼은 독특하다고 인정하고 싶습니다. 바로 2015년 개봉한 영화 〈채피〉입니다.

ㄴ 영화 〈채피〉 포스터

영화 〈채피〉는 경찰 로봇 '스카우트' 중 한 대가 사람처럼 생각하는 능력을 얻으면서 생기는 여러 사건을 담았습니다. 개인적으로 이 영화에 높은 점수를 주고 싶지는 않았습니다. 사건의 개연성도 자연스럽지 않고, SF 영화로 보기에는 온갖 비과학적인 설정이 나와 거슬

립니다. 대중에게 올바른 과학 정보를 전해야 하는 '과학 기자' 입장에서 보면 계속 눈살이 찌푸려졌지요.

하지만 꼭 한 가지 독특한 시각만큼은 참고할 만합니다. 로봇을 모든 면에서 완벽하게 인간과 동일시하고 스토리를 짜나갔다는 점입니다. 물론 그 '동일시'했다는 점 하나 때문에 수많은 문제점 역시 생겨난 '괴작'이기도 합니다.

며칠 만에 인간보다 똑똑해진 '경찰 로봇'

자아를 가진 로봇이 나오는 영화들은 다음 장(Theater 04)에서 더 상세히 다룰 예정입니다. 하지만 〈채피〉에도 자아를 가진 로봇이 나오니 잠시만 짚고 넘어가 볼까 합니다.

〈채피〉는 가까운 미래, 이미 상용화되어서 팔리고 있는 경찰 로봇 중 한 대, 식별번호 22번 로봇에게 인공지능 프로그램을 심어 주면서, 마침내 사람처럼 생각하게 됐다는 설정입니다. 이 로봇은 개발자인 디온(데브 파텔 분)이 머리에 심어 준 프로그램 덕분에 스스로 인지하는 '자아'를 갖게 됩니다. 그리고 채피는 우연히 가슴 속에 든 배터리 회로가 타 버리는 사고도 겪지요. 새 배터리를 공급받지 못하니 며칠이면 정지해 버리는 시한부 삶을 살게 됩니다. 영화 속에서 '채피'는 이 22호의 별명입니다.

ㄴ 영화 〈채피〉의 장면들. 인공지능 로봇을 놓고 벌어지는 다양한 사건과 사고를 그
  리고 있다

　채피는 처음엔 어린아이처럼 굴다가 말을 배우고, 모든 사물에 호
기심을 갖고, 그림을 그리고 춤을 춥니다. 두려움을 알고, 화를 낼 줄
도 알게 됩니다. 악당들에게 속아서 범죄에 가담하기도 하지만 순박
하고 자신을 위해선 큰 욕심을 부리지 않습니다. 그저 자신이 죽어 가
고 있다는 것을 알고 '살기 위해 노력하는 존재'로 그려지지요. 자신
과 같은 형태의 다른 로봇을 보고 "왜 저기에 내 정신(?)을 이식해 넣

└ '유압식 구동장치'를 활용한 대표적인 장치는 굴삭기의 팔 부분이다. 기름의 압력으로 피스톤을 뻗어 거대한 기계장치를 움직인다. 사진은 두산인프라코어가 판매하고 있는 굴삭기 'DX160W-5K'.

두산인프라코어

어서 날 살려 주지 않느냐."고 자신의 창조주와 같은 디온을 다그치기도 합니다. 디온은 이런 채피를 동등한 인격체로 대하고, 그의 의사를 존중하지요. 이런 점으로 볼 때 영화의 제작자는 여러 면에서 '로봇과 인간의 인격' 문제를 고심한 것 같았습니다.

영화에 등장하는 휴머노이드 로봇, 즉 두 발로 걷는 로봇 경찰은 연출 과정에서 흠잡을 곳이 별로 없을 만큼 완성도가 높았습니다. 로봇의 움직임도 기계적이면서 동시에 꽤 자연스러웠습니다. 디자인도 최근 고성능 휴머노이드 로봇을 개발할 때 자주 사용하는 '유압식 구동장치'를 붙이는 등 상당히 그럴듯해 보였습니다. 이미 사람처럼 두 발로 걷는 로봇은 세상에 나와 있으니, 더 먼 미래에 채피에 버금가는 운동 능력을 갖춘 로봇이 등장한다 해도 수긍할 만했지요.

하지만 채피에게 '의식이 생겨나는 과정'은 과학적으로 설명하기 어려워 보입니다. 영화 속 경찰 로봇의 구조를 완전히 알 수 없지만, 본래부터 자아를 가진 완벽한 인공지능을 위해 설계한 구조는 아닌 것 같습니다. 22호도 처음에는 어느 정도 자동으로 움직이지만, 철저하게 사람의 지시를 받아 움직이는 감정 없는 로봇이었지요.

이런 로봇에 소프트웨어만 옮겨 심는다고 자아가 생기긴 어렵습니다. 인간이나 고등동물이 자아를 가진 이유는 처음부터 그렇게 만들어진 뇌 구조를 갖고 태어났기 때문입니다. 먼 미래에 누군가가 그 구조의 비밀을 풀고, 인간에 필적하는 전자두뇌를 넣어 두었다고 설정한다면 자아를 갖는 것이 불가능하지는 않겠지요. 즉 자아를 가진 로봇이라면 처음부터 그런 전자두뇌를 지녀야 합니다.

그런데 〈채피〉에선 로봇이 어떻게 자아를 갖게 됐는지에 대한 어떤 설명도 없었습니다. 채피의 개발자 디온이 완전한 인공지능을 만들기 위해 퇴근 후 밤마다 개인용 컴퓨터 시스템으로 조금씩 코딩을 반복하는 장면이 나옵니다. '자아를 갖춘 완전한 인공지능'은 두뇌의 비밀을 완전히 알아내야만 개발이 가능합니다. 그런 일을 개발자 한 사람이 취미로 만드는 수준으로 묘사한 것이지요. 더구나 이 영화에서는 로봇이나 사람이 가진 자아를 다른 로봇에 옮겨 넣는 장면도 나오는데, 이 장면은 과학적으로 너무나 말이 안 되는 설정이었습니다.

또한 채피는 인공지능의 특징을 살려 맹렬한 속도로 지식을 익힙니다. 세상에 존재하는 지식을 입력받기만 하면 되고, 한 번 본 것은 잊지 않으니 빠른 속도로 지식을 익힐 수 있겠지요. 며칠 사이에 채피는 자신의 전자두뇌에 든 지식과 자아를 다른 로봇에게 옮겨 넣는 방법을 스스로 개발해 내기에 이릅니다. 자신이 죽어 가고 있다는 걸 안채피가 스스로 살아남기 위해 발버둥 친 결과입니다.

채피의 자아는 완전히 2진수, 즉 컴퓨터 코드로 바꾸어 저장할 수 있는 것입니다. 손가락만 한 USB 메모리에 기억 전부와 자아를 담아 두는 장면까지 나옵니다. 자아가 생긴 로봇이 나오고, 그 로봇이 자기 스스로 머릿속에서 자아를 뽑아내는 방법을 개발하고, 그 방법으로 다른 로봇에게 옮겨 넣는 방법마저 개발한다는 건 상식적으로 수긍하기 어려운 설정이라 영화를 보며 당혹스럽기도 했습니다.

물론 채피는 로봇입니다. 그러니 두뇌의 비밀을 어떻게 풀었는지를 설명하지 않아도, 그의 머릿속에서 정보를 끄집어내 다른 곳에 저장하는 것까지는 억지로 수긍해 보려고 했습니다. 문제는 그 방식이었지요. 채피는 살아남기 위해 스스로 자아 전송 방법을 개발하는 과정에서 시중에 판매하는, 전깃줄이 주렁주렁 매달린 헬멧장치를 이용합니다.

자세한 설명은 없습니다만, 이 장치는 아무리 보아도 로봇을 위해 만들어졌다고 생각하긴 어려웠습니다. 이렇게 머리 위에 쓰는 장치는 현대 기술에서 보통 뇌파를 읽을 때 쓰는 EEG(뇌파측정장치)나 뇌혈류를 읽는 근적외선장치 같은 것들입니다. 그 밖에 '기능성 자기공명 영상장치(fMRI)'나 뇌의 미세자기를 측정하는 '뇌자도' 장비 등으

로도 뇌의 기능을 일부 살펴볼 수 있는데, 그런 장비는 너무나 크기가 커 이렇게 작게 만들기 어렵답니다.

뭐가 됐든 이런 장치는 모두 다 '살아 있는 진짜 뇌'를 가진 인간을 위해 만든 것들입니다. 그런데 컴퓨터 코드로 기억을 저장하는 로봇의 머리를 이런 장비로 읽어 내고, 그런 신호를 발생시켜 다른 로봇에게 자아를 밀어 넣는다는 건 애초에 성립할 수 없는 설정입니다. 채피는 로봇이니, 머릿속에서 자아를 꺼내고 싶었다면 차라리 머리 한쪽에 데이터 전송 케이블을 꽂는 방식이 더 설득력이 있었을 것입니다.

그렇다면 인간의 경우는 어떨까요? 이런 장치를 이용해 사람의 머릿속에 있는 정보를 완전히 복사해 낼 수 있을까요? 아닙니다. 완전히 불가능합니다. 뇌파, 자기, 혈류 등의 신호는 두뇌 활동 결과 생겨난 부산물일 뿐, 두뇌 활동 자체는 아닙니다. 예를 들어 봅시다. 여러

▶

분이 바다에 가면 파도가 치는 것을 볼 수 있지요. 파도의 높이, 세기, 파도가 치는 리듬 등을 꼼꼼하게 분석해 보면 바다가 지금 어떤 상태인지 여러 정보를 얻을 수 있습니다. 하지만 "앞으로 기술이 좋아질 것이니 파도만 보면 바닷물의 모든 성분을 완전히 다 알 수 있다."고 말할 수 있을까요?

한술 더 떠서 채피는 자신을 개발한 디온이 죽어 가자, 이 장치를 가지고 디온의 머릿속에서 자아를 끄집어내, 또 다른 로봇에게 전송해 넣어 디온의 '정신'만을 살려냅니다. 자신에게 한 것과 같은 방법으로 사람의 머리에서 정보를 뽑아내, 다른 로봇의 머리에 옮겨 넣은 것입니다. 로봇끼리는 물론, 로봇과 사람 사이에 자아를 옮겨 넣는 '만능성'을 갖춘 장비가 있다니. 이 장면을 보면서 '과학적인 개연성은 완전히 포기했다'는 생각에 헛웃음이 나왔답니다.

로봇이든 인간이든 '자아'만 있으면 된다? 로봇의 인격권을 말하다

〈채피〉는 복잡하고 황당한 스토리에 나름의 철학을 담는 것으로 유명한 '닐 블롬캠프' 감독이 연출했습니다. 개인적인 추측이지만, 감독은 이 영화를 통해 '스스로 생각할 수 있는 정신, 즉 자아 자체가 중요할 뿐이지 로봇이냐 인간이냐를 구분하는 건 의미 없는 세상이 될지 모른다'고 이야기하고 싶었던 것 같습니다.

▶ ▶

하지만 이 영화 속 철학마저도 공감하기 어려운 부분이 많았습니다. 채피는 몇 가지 사건을 겪으면서 갱단과 함께 생활하게 됩니다. 그들은 손쉽게 살인을 저지르고 약탈을 일삼는 명백한 악당들입니다. 하지만 이들 중 일부는 착한 사람처럼 묘사되는데, 그 기준은 딱 하나입니다. 로봇을 친구로 대하고 아껴 주면 착한 사람, 그렇지 않고 기계장치처럼 치부하면 나쁜 사람인 셋이지요. 이렇게 로봇의 존재를 인정하느냐에 따라 인간성을 결정짓는 이분법적인 설정은 대단히 이해하기가 힘들었습니다.

수많은 영화에서 비과학적인 설정이 나오지만, 그럼에도 인기를 얻을 수 있는 건 영화에서 최소한 '이런 일들이 있기에 이런 점이 가능했다'는 설득력을 보였기 때문입니다. 〈채피〉 2편이 나온다면 부디 조금만 더 과학적 개연성을 담은 영화가 되었으면 합니다. 로봇의 인격권은 많은 영화와 만화에서 다룬 주제지만, 〈채피〉만큼 독특한 시각에서 접근한 작품은 찾기 어려웠습니다. 그런 만큼 여러 가지 잘못된 연출이 한층 더 안타깝게 느껴졌습니다.

Credit
Cookie
3

영화 속 '그럴듯한' 설정과
진짜 '로봇 기술'의 차이점

혹시 영화 〈아이, 로봇〉을 본 적이 있으신가요? 〈아이, 로봇〉을 보면 주인공 로봇 '써니'가 여러 대의 로봇과 싸움을 벌이는 장면이 나옵니다. 공중으로 날아올라 4~5바퀴를 회전하는가 하면, 들고 있던 물건을 머리 위로 던져 놓고, 그 물건이 땅에 떨어지기 전, 불과 1~2초 사이에 다른 로봇과 몇 번이나 주먹과 발을 주고받는 등 대단히 뛰어난 운동 능력을 보여 줍니다. 이런 동작은 수십 년 동안 무술을 수련한 사람도 쉽게 할 수 없을 것 같습니다. 영화에서 '로봇 기술이 고도로 발전하면 분명히 사람보다 운동 능력이 뛰어날 것이다.'라고 여긴 작가와 감독의 생각이 반영된 것이지요.

비슷한 모습은 여러 영화에서 볼 수 있습니다. 대부분 로봇의 운동 성능을 극대화해서 보여 줍니다. 사람하고 똑같이 움직이는 로봇이 등장하는 영화는 정말 수없이 많았습니다. 2019년 말 개봉한 영화 〈터미네이터(Screen_13)〉 시리즈의 최신작 〈터미네이터: 다크 페이트〉에도 인간을 죽이러 온 로봇 'Rev-

9'이 나옵니다. 그가 인간의 형상으로 돌아다닐 때 사람들은 전혀 로봇이라고 생각하지 못하지요. 1980년대에 나온 영화 〈로봇캅(Screen_05)〉은 2014년 '리부트'된 영화가 개봉됐는데, 이 영화에 나온 로보캅의 운동 능력은 정말 혀를 내두를 정도입니다. 평상시 걸음걸이 등은 사람과 거의 같은데, 전투를 시작하면 엄청난 활약을 선보입니다. 영화를 보는 내내 "사람의 행동 패턴을 정말 잘 분석했구나. 〈아이, 로봇〉에서는 SF 영화가 아니라 무협 영화를 보는 느낌이었는데, 이 영화에서는 너무 오버(?)하지 않고 극한까지 잘 묘사한 것 같다."는 생각을 했습니다.

그렇다면 현실 속 로봇은 어떨까요? 영화처럼 화려하게 움직이기는커녕 자기 몸 하나 제대로 가누지 못하는 로봇이 대부분이지만, 최근에는 로봇의 성능도 점점 좋아지고 있습니다. 이따금 사람 이상으로 운동 능력이 뛰어난 것처럼 보이는 로봇도 소개됩니다.

2017년 미국의 로봇 전문 기업 '보스턴 다이내믹스'는 다양한 실험용 로봇을 개발해 성능을 계속 높입니다. 이 기업이 만든 인간형 로봇 아틀라스는 세계 최초로 체조 기술 중 하나인 백플립(Backflip)을 구사하는 데 성공했지요. 연구진은 해마다 성능을 높여 갑니다. 2018년에는 성큼성큼 점프하면서 장애물을 뛰어넘는 파쿠르(Parkour) 게임을 하는가 하면, 2019년에는 물구나무를 서고 땅 위를 굴렀다가 다시 일어나는 기계체조 동작을 선보이기도 했습니다. 울퉁불퉁한 산길에서도 뛰어다닐 수 있는 등 현재 운동 성능이 가장 뛰어난 로봇으로 꼽힙니다.

이 회사에서 이런 영상을 공개할 때마다 세계 최고 수준의 로봇 연구자들은 매번 혀를 내두릅니다. 현실 속 로봇은 사람보다 운동 능력이 떨어진다고 생각하던 전문가들에게 놀라운 일이기 때문입니다. 도대체 이걸 어떻게 만들었는지 이해조차 안 간다는 분도 있을 정도지요. 외계인이 만든 것 아니냐는 농담은 너무 자주 들어서 이제는 웃음도 나오지 않는답니다. 적어도 이 로봇에 관한 한 인간과 운동 능력이 비슷하다고 생각해도 괜찮을 것 같습니다.

└ 유압식 구동장치를 사용해 만든 대표적인 로봇 '아틀라스'. 2020년 현재 성능이 가장 뛰어난 인간형 로봇으로 알려져 있다.　　　boston dynamics

로봇 전문가들은 인간형 로봇의 운동 성능이 이처럼 진일보할 수 있는 까닭을 구동장치의 발전에서 꼽습니다. 지금까지 대부분의 인간형 로봇은 전기모터를 써서 만들었는데, 최근에는 기름의 압력을 이용해 움직이는 '유압식 로봇'이 크게 주목받고 있습니다. 길 가다가 볼 수 있는 굴삭기(포클레인)가 유압식으로 만든 기계장치의 대표적인 사례입니다. 유압식 구동장치는 기계 부품 속에 기름을 밀어 넣고, 그 압력으로 피스톤을 밀어 팔이나 다리장치가 움직이도록 만드는 기계 구동장치입니다. 내부 구조가 주사기와 비슷하지요.

전기모터 방식으로 로봇을 만들면 왜 유압식 로봇보다 운동 능력이 떨어질까요? 이른바 '등척성 운동'을 하기 어렵기 때문입니다. 등척성 운동은 손으로 벽을 밀고 있는 것과 같은, 힘은 쓰지만 자세는 변하지 않는 운동을 뜻합니다.

물론 전기모터로도 토크(힘의 크기)를 측정해 등척성 운동을 어느 정도 흉내 낼 수는 있습니다. 하지만 유압식에 비해서 상대적으로 부족합니다.

한편 유압식 장치는 강한 힘을 낼 수 있는 장점이 있지만 제어하기가 까다로워 정밀조정이 필요한 기계장치에는 잘 쓰지 않았습니다. 하지만 최근 로봇 기술이 좋아지면서 이런 유압장치를 이용애 강안 힘늘 낼 수 있는 로봇이 점점 많아지고 있습니다.

이런 방식으로 만든 로봇도 여전히 한계가 있습니다. 운동 능력 이전의 문제, 즉 지능과 판단 능력이 떨어지기 때문이지요. 최고의 로봇 중 하나로 꼽히는 아틀라스조차 미리 정해진 환경에서 사람이 프로그래밍해 준 대로 움직일 때는 뛰어난 운동 능력을 보여 주지만, 그 이상은 보여 주기 어렵습니다. 자신의 운동 능력을 능동적으로 판단하고 상황에 맞게 민첩하게 움직일 수 있는 능력이 크게 떨어지기 때문입니다. 그러니 만약 아틀라스 로봇이 사람과 격투 시합을 벌인다면, 사람을 상대로 승리를 거두는 것은 현재 기술로는 불가능할 것입니다. 사람은 비록 힘이 더 약하더라도 요리조리 피하며 상황에 따라 다양한 작전을 짤 수 있습니다. 하지만 로봇은 사전에 입력해 둔 동작만 하므로 여기에 대항할 방법을 찾기 어렵습니다. 단적으로, 비교적 건장한 사람이 어깨로 세게 부딪히기만 해도 여기 대응할 운동 방법을 찾지 못해 쉽게 나동그라질 것입니다. 주변 환경에 적응해 자기 스스로 몸을 통제할 수 있는 진짜 '지능'이 없기 때문입니다.

단적인 예가 '로봇 축구' 대회입니다. 로봇끼리 축구 시합을 하는 대회랍니다.

로봇 축구에도 여러 종류가 있는데, 사람처럼 생긴 로봇 두 대가 1대 1, 혹은 2대 2로 축구 시합을 벌여 공을 골대에 집어넣는 경기도 있습니다. 아틀라스 정도의 로봇은 아니지만, 세계에서 가장 로봇 개발 기술이 뛰어난 팀들이 저마다 이 대회에서 우승하고 싶어 매년 참가하지요.

이런 로봇 축구 시합에서 월드컵 축구 시합과 같은 멋진 모습을 기대해선 안 됩니다. 로봇이 뒤로 넘어져 고장 날 수 있으니 사람이 한 명 들어가서 로봇 뒤에 서 있거나, 로봇 뒤를 졸졸 따라다닙니다. 축구공을 보면 사람처럼 재빠르게 달려 나가 강슛을 날리기는커녕, 아장아장 걸어가서 힘겹게 발길질을 합니다. 그 발길질에 중심을 잃고 넘어지기 일쑤입니다. 보고 있으면 정말로 답답해서 짜증이 날 정도랍니다.

최근 4차 산업혁명이 시작되면서 인공지능 기술이 발전하며 로봇의 성능이 크게 높아지는 것은 사실입니다. 그러나 아직도, 그리고 가까운 미래에도 로봇은 사람에게 미치지 못할 것입니다. 운동 능력 또한 로봇이 사람을 넘어설 시기를 점치기 어려울 것 같습니다. 반사적인 동작도 어느 정도는 할 수 있지만 스스로 판단하고 주변 상황에 맞게 운동하는 능력은 여전히 어려워 보이기 때문입니다. 언제가 될지 모를 먼 미래에서나 가늠해 볼 수 있을 것 같습니다.

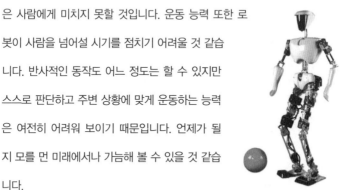

ㄴ 축구 로봇 찰리.
Virginia Tech

'생각하는 로봇'은 사람의 적일까, 친구일까?

많은 영화에서 사람처럼 '생각을 하는 로봇', 이른바 자아를 가진 로봇
이 등장합니다. 이런 로봇이 항상 사람을 돕고 따르고, 사람을 지켜 주
기만 한다면 정말 좋겠지요. 하지만 미래는 어떻게 될지 모르고, 과거
의 역사를 봐도 과학 기술이 나쁜 방향으로 쓰여 큰 피해를 입은 경우
가 적지 않았습니다.

이런 점 때문에 영화 제작자들도 사람을 공격하고, 지배하려 들기도 하
는 '나쁜' 로봇을 그린 영화를 만들기도 합니다. 사람이 하는 일을 대부
분 해 내고, 사람보다 훨씬 힘도 셀 것 같은 로봇이, 마침내 생각마저
할 수 있게 된다면 그래서 인간의 명령을 듣지 않게 된다면 '큰 위협
이 되는 것 아니냐'고 우려하는 듯합니다. "로봇과 인공지능이 꼭 안전
하지는 않다. 그러니 로봇을 개발할 때는 이런 점을 주의해야 한다."는
나름의 주장을 담아냅니다.

물론 밝은 미래를 그린 로봇 영화도 많습니다. 로봇이 사람에게 충성하고, 사람을 위해 일하며, 로봇과 함께 행복한 삶을 살아가는 줄거리이지요. 하지만 사람들은 '인공지능 로봇'이라는 단어를 들으면 위험하고 파괴적인 로봇을 먼저 생각합니다. 그런 영화가 더 기억에 많이 남았고, 더 많은 관심과 사랑을 받았습니다.

하지만 '생각하는 로봇'은 꼭 악당의 모습으로 나타나야만 했을까요? '생각하는 로봇'은 정말로 우리에게 위험한 존재일까요? 지금부터 '생각하는 로봇'이 등장하는 대표적인 영화를 살펴봅시다.

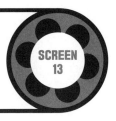

인간을 공격하는 '나쁜 인공지능'의 대명사
⟨터미네이터⟩

SCREEN 13

인공지능을 연구하는 사람 중 세상에서 가장 유명한 사람을 묻는다면 아마 100명 중 99명은 '데미스 허사비스'를 꼽을 것 같습니다. 인공지능 전문 기업 '구글 딥마인드'의 사장으로, 바둑용 인공지능 프로그램 '알파고' 개발을 이끈 사람이지요. 허사비스는 2016년 한국에 찾아와 KAIST(한국과학기술원)에서 특별 강연을 했습니다.

저도 이 자리에 취재를 하러 갔는데, 강연이 끝나자 기자 중 한 명이 물었습니다. "인공지능을 계속 개발하다가 사람을 죽이는 인공지능이 나타나면 어떻게 하느냐. 암울한 미래(디스토피아)가 올 수 있는 것 아니냐."는 질문이었습니다.

그날 질문을 한 기자는 저도 여러 번 만난 적이 있는, 과학 기술에 대한 지식이 아주 많은 사람이었습니다. 그런데 그 사람이 왜 이런 질문을 했을까요? 기자들은 알면서도 이런 질문을 할 때가 있습니다.

사람들이 인공지능이나 로봇에 대해 불안감이 많으니, 최고의 인공지능 전문가에게서 그 사실에 대한 답을 듣고 싶었을 것입니다. 허사비스 사장은 그 질문을 받고 "그런 생각은 전혀 도움이 되질 않는다. 인공지능을 제대로 활용해 좋은 미래를 만들어 나가야 한다."고 답했지요.

└ 영화 〈터미네이터〉 포스터

저는 그때 속으로 '영화 한 편이 정말로 사람들의 생각에 큰 영향을 끼쳤구나.'라고 생각했습니다. 그 영화는 영화를 좋아하는 사람이라면 누구나 다 알고 있는 〈터미네이터〉입니다.

지겹도록 쫓아오는 '살인 로봇' 이야기

인공지능이나 로봇이 위험할 거라는 시각은 과거에도 있었습니다. 하지만 사고나 오작동, 단순한 반란 등이 아니라 아예 대놓고 살인을 목적으로 로봇이 만들어진 경우는 〈터미네이터〉가 처음이었던 것 같습니다.

〈터미네이터〉 시리즈의 줄거리는 의외로 단순합니다. '사람을 죽

▶ ▶

159

이기 위해 쫓아오는 로봇'이 등장하고, 등장인물들은 '살기 위해' 터미네이터를 피해 달아나지요. 적당히 흥행하는 것이 목적인 'B급' 영화로 만들어진 이 작품이 이런 줄거리 덕분에 크게 주목받으며 전 세계에 인기를 끌자 후속 작품이 계속해서 만들어졌습니다.

영화 제목이 〈터미네이터〉인 이유는, 영화 속 살인 로봇의 이름이 터미네이터(Terminator)이기 때문입니다. 여기서 터미네이터를 한국말로 바꾸면 아마 '종말로 이끄는 자'라는 뜻이 될 것 같습니다. 인간을 찾아내 죽이는 것이 임무이니, 이 단어는 결국 '인류를 멸종시키기 위해 만들어진 로봇'이라는 뜻으로 읽힙니다.

이 영화의 줄거리를 살펴볼까요? 1984년에 개봉한 〈터미네이터〉에서는 미래 시대에 만들어진 터미네이터가 과거로 가서 인간 저항군 지도자 '존 코너'의 어머니 '사라 코너'를 죽이려고 덤벼듭니다. 미래 저항군 측에서도 사라 코너를 지키기 위해 군인 한 명을 과거로 보내지요. 과거 시대에서 이 둘이 터미네이터 'T-800'과 싸우면서 끊임없이 달아나는 것이 주 내용입니다.

1991년 개봉한 〈터미네이터 2: 심판의 날〉의 줄거리도 비슷합니다. 과거로 찾아온 터미네이터가 신형 T-1000이라는 점, 터미네이터의 목표가 사라 코너가 아니라 아직 어린 '존 코너'라는 점, 이들을 도우러 온 미래 전사가 저항군이 다시 프로그래밍한 T-800이라는 점 정도가 다른 점입니다. 여전히 영화 내내 터미네이터는 사람을 죽이러 쫓아옵니다. 이후 제작된 〈터미네이터〉 3~5편은 제작사도 매번 바뀌고 감독도 계속 바뀌면서 흥행에 크게 성공하지 못했습니다.

〈터미네이터〉 1편과 2편을 제작한 제임스 카메론은 과거에 팔았던 영화의 판권을 되찾아 왔습니다. 그런 다음 그간 다른 사람들이 만든 3~5번째 작품을 '시리즈 폐기'한다고 선언했습니다. 그리고 전체 시리즈 중 6편이자 1, 2편의 뒤를 잇는 공식적인 3편인 〈터미네이터: 다크 페이트〉를 제작해 2019년 개봉했습니다.

이 영화 역시 기본 줄거리는 1, 2편과 마찬가지입니다. 2편에서 추격자들을 피해 달아나던 저항군 지도자 존 코너는 새롭게 보내진 또 다른 T-800에게 어이없게 사망합니다. 그리고 시간이 흘러 '레브(Rev)-9'이라는 터미네이터가 미래에서 다시 찾아옵니다. 또 인체강화 수술을 받아 강한 힘을 낼 수 있는 '그레이스'도 과거로 찾아옵니다. 그레이스는 미래에 새로운 저항군 지도자가 될 '대니'를 지키기 위해 싸우고, 또 끊임없이 로봇에게서 달아납니다. Rev-9은 그들을 죽이기 위해 무시무시한 전투력을 드러내며 끝도 없이 달려들지요.

〈터미네이터〉 2편 이후 개봉된 3~5편, 즉 〈터미네이터 3: 라이즈 오브 더 머신(2003)〉, 〈터미네이터: 미래전쟁의 시작(2009)〉, 〈터미네이터 제니시스(2015)〉는 1편과 2편, 그리고 6편(오리지널 3편)과는 설정이 좀 다릅니다. 이 작품들에서도 터미네이터가 인물들을 죽이려 들기만, 새롭게 바뀐 미래의 모습은 선명하는 데 더 큰 의미를 두거나 (3편), 개조 수술을 받은 인간이 로봇과 자신의 경계가 어디인지 알지 못해 갈등하거나(4편), 과거와 미래를 오가면서 갈등을 해결하는 시간여행 이야기(5편)가 더 주가 됩니다.

스스로 진화하는 '최고의 인공지능'

영화는 인공지능 컴퓨터 시스템이 세계를 지배하는 암울한 미래를 그립니다. 이런 인공지능 시스템을 1, 2편에선 스카이넷, 6편(오리지널 3편)에선 리전이라고 부르지요. 아무튼 이 인공지능 시스템은 아주 고도의 지능을 갖고 있어서, 터미네이터 부대를 일괄 지휘하면서 인간과의 전쟁을 치르고, 스스로 새로운 형태의 터미네이터를 개발해 내고, 공장을 가동해 터미네이터를 대량으로 생산합니다.

스스로 계획을 세우고, 그 계획대로 일을 시행하며, 그 과정을 지휘하고 통제할 수 있지요. 아무리 천재라 해도 인간은 이렇게 많은 일을 혼자 처리할 수는 없습니다. 그러니 스카이넷이나 리전은 인간보다 뛰어난 인공지능, 이른바 '초인공지능'을 지녔다고 볼 수 있습니다.

이런 인공지능이 만든 살인 로봇 '터미네이터'의 지능은 어떨까요? 초인공지능 정도는 아니지만, 인간에 필적할 만큼 뛰어난 사고 능력을 갖춘 인공지능, 이른바 '강한 인공지능' 정도는 지녔다고 보입니다.

'터미네이터'는 여러 모델이 있는데, 가장 유명한 것이 유명 배우 아놀드 슈워제네거가 연기한 T-800 모델입니다. 영화는 만들어진 시대상을 반영하지요. 1980~2000년대 초반까지만 해도 로봇이 뭔가 좀 무뚝뚝하고, 동작도 절도 있게 끊어지는 식의 연출이 당연하던 시절이었습니다. T-800 역시 무뚝뚝하고, 말수는 물론 표정도 거의 없습니다. 2편에 등장한 T-1000(로버트 패트릭 분)도 마찬가지지요.

하지만 영화가 진행되면서 무뚝뚝하던 T-800은 인간이 지닌 특징을 그대로 학습해 나갑니다. 2편에선 인간의 미래를 위해 스스로 용광로에 들어가는 희생정신까지 볼 수 있습니다. 6편(오리지널 3편)에선 미래에서 온 T-800 모델 중 한 대는 자신의 임무(존 코너의 암살)를 끝마치고 할 일이 없어지자, 스스로 할 일을 찾고 삶의 목적을 새롭게 설정해, 결혼을 하고 커튼 시공 가게를 하면서 인간으로서 살아갑니다.

재미있는 것은 T-800이 '살인 로봇'으로 활약할 때는 무뚝뚝하고 마치 프로그램대로 움직이는, 자아가 없는 로봇처럼 행동하는데, 인간성을 보이는 부분에선 능숙한 감정 표현을 한다는 것입니다. 인간성을 배워 가면서 더욱 고도의 인공지능을 보인다는 점이 재미있습니다.

▶▶

〈터미네이터〉 2편에 등장한 T-1000, 그리고 6편(오리지널 3편)에
등장한 Rev-9은 T-800과 조금 차이가 있습니다. 주위 사람들에게
정보를 얻거나 친밀감을 나타낼 필요가 있을 때는 언제든 생글생글한
표정을 지을 수 있습니다. 다만 T-1000의 경우 전투 중에는 기계적
으로 행동하는데, Rev-9은 필요하다면 감정을 폭발시키는 모습으로
덤벼듭니다. 행동이나 몸짓도 언제나 인간과 차이가 없지요.

이런 점을 보면 터미네이터는 더 신형일수록 임무 수행에 필요할
경우 감정 표현마저 가능함을 알 수 있습니다. 얼핏 보면 T-800보다
더 인간다워 보이지만, 자세히 보면 훨씬 더 냉정하고 기계적인 인공
지능을 지녔다고 봐야 할지도 모르겠습니다.

엑소스켈레톤과 엔도스켈레톤의 차이

영화 〈터미네이터〉에서만 볼 수 있는 로봇의 개념이 있어서 이에
대해 살펴볼까 합니다. 사람이 몸 바깥에 입는 '착용형' 로봇, 즉 '웨
어러블 로봇'에 대해서는 많은 분들이 들어 보았을 것입니다. 이 로
봇으로 군인이나 구조대원 등이 강한 힘을 낼 수 있도록 도와줍니다.
이 웨어러블 로봇의 또 다른 이름이 '엑소스켈레톤 로봇'입니다. 엑소
(Exo)는 '외부', 그리고 스켈레톤(Skeleton)은 '골격, 해골, 뼈대' 등의
의미가 있습니다. 한국말로 바꾸면 '외골격'이 되지요. 엑소스켈레톤

로봇이라는 말은 그래서 웨어러블 로봇과 같은 뜻으로 쓰이는 경우가 많습니다.

그렇다면 반대로 사람이나 동물의 몸속에 본래부터 있는 뼈대, 즉 '내골격'을 뭐라고 부를까요. 그냥 스켈레톤이라고 할까요? 정확한 표현은 엔도스켈레톤입니다. 가재나 게처럼 뼈대가 몸 바깥에 있는 동물과 구분하기 위해서지요. 엔도(Endo)는 그리스어가 기원이며 '내부'라는 의미가 있습니다. 참고로 의사 선생님들은 '내시경'을 엔도스코프(Endoscope)라고 부른답니다.

그런데 만약 수술 등으로 이런 뼈대를 로봇으로 대체한다면 어떻게 될까요. 혹은 몸속에 튼튼한 금속 구조물 로봇을 추가로 이식해 넣을 수도 있지 않을까요. 아직 이런 로봇이 개발된 적은 없지만, 이런 경우를 사람들은 '엔도스켈레톤 로봇'이라고 부릅니다. 터미네이터 T-800의 경우, 기계로 만든 뼈대에 사람의 세포로 만든 살과 피부를 이식해 만들었습니다. 영화 속 설정에 따르면 겉모습은 완전히 사람과 똑같고 땀도 흘린답니다. 즉 T-800의 로봇 몸체는 완전한 '엔도스켈레톤 로봇'인 셈입니다.

이 개념은 〈터미네이터〉 3편(2003년)에도 등장합니다. 이 영화에 등장하는 터미네이터 'T-X'의 외부는 액체금속으로 돼 있어 변신이 가능하고(참고로 T-1000은 온몸이 액체금속이었지요), 내부에는 별도로 움직이는 금속 뼈대, 즉 엔도스켈레톤 로봇을 넣어 만들었지요.

6편(오리지널 3편)에 나오는 Rev-9도 내부에 엔도스켈레톤 로봇이 들어 있고, 그 외부를 탄소 재질로 된(것으로 생각되는) 찐득한 물질이

└ 영화 〈터미네이터〉의 장면들

감싼 형태라서 T-X와 매우 비슷합니다. 다만 겉을 감싼 물질을 외부로 분리해 두 대로 나누어 싸우는 것도 가능하다는 점이 T-X와 큰 차이점입니다.

미래에서 온 전사 그레이스도 강화수술을 받을 때 엔도스켈레톤 기술을 이용해, 피부밑에 단단한 금속 골격을 추가로 집어넣었습니다. 그래서 겉의 피부가 찢어져도 내부 장기 등은 다치지 않는 모습을 보여 줍니다.

'살인 로봇'에 대한 인상적인 이미지를 만들다

〈터미네이터〉 1편과 2편, 그리고 6편(오리지널 3편)이 전 세계적으로 큰 흥행을 거둔 이유야 여러 가지가 있을 것입니다. 막대한 제작비를 투입해 스케일 큰 연출을 보여 줍니다. 유명하고 매력적인 배우들도 출연하며, 생생한 컴퓨터그래픽으로 만든 박진감 넘치는 전투 장면도 볼거리입니다. 그러나 '사람을 죽이기 위해 달려드는 로봇'이 불러일으키는 공포감을 극대화시킨 연출이 주요한 몫을 차지했다는 생각도 듭니다.

로봇 기술, 그리고 인공지능 기술은 지금까지 발전해 왔고, 앞으로도 발전할 것입니다. 이런 미래를 암울하게 바라보며 걱정하는 사람들이 많을 것입니다. 〈터미네이터〉의 원작자 제임스 카메론 감독은 미래를 걱정하는 마음에서, 현대 과학 기술의 발전 방향을 올바른 쪽으로 이끌고 싶어 이처럼 '살인 로봇'이 등장하는 영화를 만들었을지도 모릅니다. 혹은 대중의 불안한 마음을 파고드는 흥행 전략의 일환이었을지도 모르고요. 결과적으로, 그가 이 영화를 통해 많은 사람이 인공지능 로봇을 '공포 어린 시각'으로 보게 만드는 데 큰 영향을 미친 것만은 틀림없는 것 같습니다.

인간의 사랑을 원하는
로봇 아이가 나타난다면?
〈A.I.〉

로봇이 사람의 마음을 가진다면 어떤 행동을 할까요. 여기에 대해 과학 기술자들 사이에서도 다양한 예측이 나옵니다. 인간을 공격하고 지배하려고 들 거라고 걱정하는 사람도 있고, 결국은 인간의 명령을 들을 수밖에 없다고 생각하는 사람도 있지요.

드물게 '로봇은 인간에게 사랑받고 싶어 할 것'이라고 생각하는 이도 있습니다. 사람의 손으로 만든 로봇이니, 주인에게 무조건적인 애정을 쏟고 인정받고 싶어 할 거라고 생각하지요. 그런 생각에 영화적인 상상력을 동원해 정말 생생하게 만든 대표적인 작품이 있습니다. 바로 거장 스티븐 스필버그가 만든 로봇 영화 〈A.I.(에이 아이)〉입니다.

'인간의 사랑'을 갈구하는 기계

⟨A.I.⟩는 20여 년 전인 2001년에 개봉했습니다. 이 영화에는 사람처럼 생각하는 고성능 인공지능(AI)을 탑재한 꼬마 로봇 '데이비드'가 나오지요. 데이비드는 로봇의 수준을 넘어 피부의 촉감이나 생김새, 행동거지가 완전히 인간과 똑같습니다. 또한 엄마 '모니카'를 끝없이 사랑합니다. 이른바 수준 높은 '안드로이드'인 셈이지요.

이 영화는 줄거리 자체만으로도 인공지능이나 로봇의 역사 면에서 큰 의미가 있다고 생각합니다. 영화 속 데이비드의 행동 하나하나는 '인간을 사랑하는 인공지능, 인간을 미워할 수 없는 인공지능'의 대표적인 예라고 생각됐으니까요.

엄마 모니카는 본래 친아들인 '마틴'을 낳아 키우고 있었는데, 이 아이는 병에 걸려 냉동수면 상태에 들어갑니다. 모니카의 남편 헨리는 슬픔에 빠진 아내를 위로하기 위해 아이처럼 생긴 로봇, 즉 데이비드를 사 오지요. 하지만 냉동 상태에 있던 마틴은 기적적으로 회복해 깨어납니다. 그 후 로봇에게 부모의 사랑을 빼앗겼다고 생각해 데이비드를 놀리고 구박합니다. 데이비드는 '진짜 인간'인 마틴을 부러워하며 마틴에게 지기 싫어하지요. 데이비드는 로봇이라 식사를 할 수 없지만, 가족의 식사 자리에 항상 함께 앉습니다. 그 자리에서 마틴은 음식을 한 수저 먹을 때마다 혀를 쭈욱 내밀며 생글생글 웃습니다. '이

것 봐라. 나는 음식을 먹을 수 있다. 너는 로봇이니 못 먹지?'라고 놀리는 것이지요. 화가 난 데이비드는 억지로 음식을 집어 먹다가 크게 고장이 납니다. 자신의 몸이 고장 날 것을 뻔히 알았지만, 그것보다도 음식을 못 먹는 존재, 즉 인간이 아니라고 놀림당하는 것이 싫었던 거지요. 이 장면뿐 아니라 데이비드는 영화 내내 '나는 로봇이다. 하지만 인간이 되고 싶다. 인간이 부럽다.'고 생각하는 모습을 보입니다.

마틴과 데이비드가 티격태격하며 지내던 어느 날, 사고로 데이비드와 마틴이 함께 수영장에 빠지는 일이 생겼습니다. 부모는 데이비드 때문에 마틴의 생명이 위험할 뻔했다고 생각하지요. 결국 모니카와 헨리는 데이비드를 로봇 판매 회사로 되돌려 주려고 합니다.

하지만 이미 데이비드의 영구전자회로는 모니카를 엄마로 인식해 버려 로봇 회사도 데이비드를 다른 곳에 판매할 수가 없었습니다. 폐기 처분해야 한다는 말을 들은 모니카는 결국 데이비드를 차마 없애 버리지 못해 숲속에 버려 놓고 집으로 돌아옵니다. 그 과정에서도 데이비드는 한없이 울고 "나를 버리지 말라."고 매달리면서도 엄마(모니카)를 미워하지는 않습니다. 보통의 어린아이라면 자기를 버린 부모에게 원망을 느낄 법도 한데 데이비드는 그렇지 않았습니다. 어떻게 하면 내가 엄마의 마음에 들 수 있을까, 어떻게 하면 엄마에게 돌아갈 수 있을까, 그 한 가지만 생각하지요.

데이비드는 엄마에 대한 무한한 애정을 보입니다. 주인(엄마)을 무조건 따르고, 한없이 좋아하는 모습. 스스로 생각할 수 있는 '완전한 인공지능'을 가졌지만 데이비드는 인간을 공격하거나, 인간보다 똑똑

해지려는 생각 따위는 아예 하지 않습니다.

결국 데이비드는 '엄마가 날 좋아하지 않은 건 로봇이기 때문이다. 내가 인간이 될 수 있다면 엄마도 날 좋아하게 될 것이다.'라고 생각합니다. 자신을 인간으로 만들어 줄 사람을 찾아 떠나지요. 여러 사건과 사고를 겪다가, 빙하기가 와서 데이비드는 얼어붙은 바닷속에 가라앉아 2000년이라는 긴 시간을 기다리지요. 그리고 데이비드는 미래에서 온 초월적인 존재(외계인 형태의 로봇?)를 만나고, 그들에게 엄마를 만나게 해 달라고 부탁합니다. 하지만 죽은 사람을 살릴 수 있는 건 단지 하루뿐. 데이비드는 되살아난 엄마와 하루 동안 행복한 시간을 보내고 영원한 잠 속에 빠져듭니다.

이런 줄거리를 어디서 본 적이 있을까요? 인형으로 태어난 어린아

└ 1883년에 출간된 『피노키오의 모험』 초판 표지

이가 할아버지에게 사랑받고 싶어 인간이 되고 싶어한다는 동화 『피노키오의 모험』과 내용이 흡사하지요.

실제로 이 작품의 원작자는 피노키오에서 모티브를 얻었다고 합니다. 『피노키오의 모험』은 이탈리아 작가 카를로 콜로디가 1883년에 출간했습니다. 그리고 영화의 원작은 영국의 SF 작가 브라이언 올디스가 1969년 발표한 『슈퍼토이즈의 길고 길었던 마지막 여름(Supertoys Last All Summer Long)』입니다. 〈A.I.〉는 이 작품을 영화로 만든 것이죠. 즉 영화 〈A.I.〉는 140년이나 전에 사람들이 인조인간과 인공지능의 존재를 놓고 펼친 상상의 나래를 현대적으로 재해석한 영화랍니다.

만들어진 성격, 만들어진 착한 마음

영화 〈A.I.〉에 대한 관객들의 평가는 대단히 높습니다. 개봉된 지 20년이 지났지만 아직도 "이만한 영화 찾기 어렵다."고 말하는 사람이 아주 많답니다. '로봇이 주제이고 미래 사회의 모습을 그려 신기하다'는 평가에서 그치지 않고, 영화의 '작품성'을 인정받고 있습니다.

▶

특히 이 영화가 높은 평가를 받는 건 엄마의 사랑을 받지 못한 데이비드의 슬픈 감정을 너무나 잘 그려 냈기 때문입니다. 이 영화의 평가를 찾아보면 "너무 슬퍼서 다시 보지는 못할 것 같다.", "내 생애 가장 슬픈 영화"라는 말도 심심찮게 보입니다.

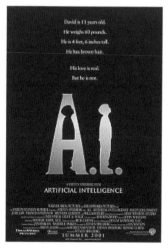

ㄴ 영화 〈A.I.〉 포스터

이 영화를 본 관객들이 슬퍼하는 까닭은 무엇일까요. 가장 원초적이고 순수한 사랑인 '부모에 대한 아이의 사랑'을 그리고 있기 때문이지요. '엄마가 만나고 싶다, 엄마에게 사랑받고 싶다.'고 생각하는 그 처연하고 애달픈 상황이 관객에게 가슴 아프게 전달되는 것이 가장 큰 이유일 것입니다. 이렇게 평가하는 많은 관객들은 로봇 데이비드를 심적으로 '인간'과 동일하게 여겼을 것입니다. 데이비드는 로봇이지만 착한 품성을 지녔고, 귀여운 어린아이의 모습을 하고 있습니다. 그러니 그를 마음속에서 인간으로 대우해 주는 것이지요.

로봇과 인공지능에 관해 이야기하고 있으니 조금 다른 시각에서도 짚어 볼까요? 부모를 사랑하지 않는 사람은 없습니다만, 데이비드처럼 무조건적이고 맹목적으로 부모를 사랑하는 사람은 많지 않습니다. 자신을 입양했다가 다시 숲속에 버리고 간 부모라면 원망하고 미워하더라도 이상하지 않을 일입니다. 그런데 데이비드는 굉장히 희생적으

└ 영화 〈A.I.〉의 한 장면

로 부모를 사랑하는, 사람 중에서도 보기 드물 정도로 착한 마음을 지 녔습니다. 이 부분에서 꼭 생각해 봐야 할 것이 있습니다. 데이비드의 성격과 착한 마음은 정말 데이비드가 원해서 만들어진 것인가, 즉 '자 기 결정권'을 통해 생겨난 것인가 하는 점입니다.

너무 당연한 대답이지만, 데이비드의 착한 마음과 행동은 '처음부 터 그렇게 프로그램되어 있었기 때문'에 가능한 것입니다. 데이비드 는 로봇이지만 인간 못지않은 자아도 지녔습니다. 그리고 데이비드는 자기 스스로 결정하고 움직이고 있다고 생각하지요. 하지만 그의 행 동은 사람이 정해 준 성격을 벗어나지 못합니다. 종교를 믿는 분들은 인간의 행동이 결국 신이 정해 둔 흐름에서 벗어나지 못한다고 하더 군요. 데이비드에게 있어서 인간은 창조주와 마찬가지입니다. 생각의 흐름조차 인간이 만들어 둔 규칙에서 벗어날 수 없는 존재로 그려진 겁니다.

저는 데이비드를 볼 때마다 "차라리 저 아이가 인간이라면 비록 양부모에게 버림받았지만, 그래도 자기의 슬픈 운명을 딛고, 스스로의 결정으로 미래를 개척해 훌륭한 사람이 될 수 있지 않았을까?"란 생각을 합니다. 하지만 로봇 데이비드는 그런 생각의 기회조차 박탈당한, 그저 한없이 엄마를 그리며 일생을 살아야 하는 가슴 아픈 아이입니다. 이 점을 이해하고 영화를 본다면, 그저 '사람처럼 생긴 로봇인데 참 불쌍하다.'고 생각하며 영화를 볼 때보다 더 큰 의미를 찾아볼 수 있을 거라고 생각합니다.

인공지능 로봇의 '성격'도 인간이 만들 수 있을까?

아마도 이런 시각으로 데이비드를 바라본 사람이 저만은 아닐 것입니다. 로봇과 인공지능에 대해 이해하고 있는 분들이라면 누구나 비슷한 생각을 했을 겁니다. 왜냐하면, 인공지능과 로봇의 연구 과정에서 로봇의 성격 자체를 프로그래밍해 보려는 시도가 의외로 자주 있었으니까요. 대표적인 사례는 2005년 KAIST(한국과학기술원) 김종환 교수 연구팀이 개발한 '리티(Rity)'라는 소프트웨어입니다. 컴퓨터 속에서 움직이도록 만들어진 가상 로봇, 즉 인공지능이지요. 이 시기만 해도 인공지능이라는 단어가 '소프트웨어 로봇'이라는 단어와 별 차이 없이 쓰였습니다.

이 로봇(인공지능)은 14개의 염색체를 가지고 있는데, 염색체별로 각기 다른 성격을 갖도록 프로그래밍됐습니다. 자아가 있는 것은 아니지만 자동화 프로그램을 통해 로봇이 정해진 행동을 반복하도록 만들었고, 그 염색체에 따라 행동이 달라지는 것을 발견했지요. 물론 이런 연구 결과를 두고, 흔히 컴퓨터 프로그래머들이 특정 기능을 하는 소스코드를 미리 짜 놓고 이를 상황에 맞게 복사해 쓰는 '라이브러리' 기능과 기술적으로 크게 다르지 않다는 지적도 있습니다.

하지만 이런 기술이 더 발전한다면, 먼 미래에는 인공지능 로봇의 성격을 사람이 미리 정해 놓을 여지가 있습니다. "순진한 성격의 요리 잘하는 유전자를 가진 로봇을 주세요."라고 주문하는 것이 가능해

순진한 성격의 요리 잘하는 유전자를 가진 로봇을 만들어 주세요.

네, 알겠습니다.

질지 모른다는 뜻입니다.

인간처럼 생각할 수 있는 '진짜 인공지능'은 아직 세상에 등장하지 않았습니다. 또 인간은 아직 그런 인공지능을 만드는 기본 원리조차 규명하지 못하고 있지요. 이 상황에 로봇의 자아를 통제하는 방법을 고민하는 건 논리적으로 현실성이 떨어진다고 생각할 수도 있습니다. 하지만 이런 고민은 그 자체로 적잖은 가치가 있습니다. 철학적이고 인문학적인 고민은, 항상 기술의 발전보다 앞서 나아가니까요. 기술이 나아갈 방향을 짚어 보기 위해서라도 꽤 중요한 의미가 있답니다.

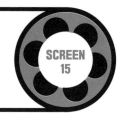

'인공지능 안드로이드'를
가장 잘 이해하고 싶다면?
〈엑스 마키나〉

SCREEN
15

당연하겠지만 로봇에도 종류가 있습니다. 그런데 그 구분 방식이
조금 복잡합니다. 흔히 쓰는 방법은 용도별로 구분하는 경우입니다.
공장에서 물건을 만들거나, 생산에 필요한 각종 자재를 옮겨 나르면
'산업용 로봇'으로 구분하고, 인간 생활을 돕기 위해 다양한 일을 하
면 '서비스 로봇'으로 구분합니다. 이 서비스 로봇 중에는 가지고 노

ㄴ 인천공항 안내 로봇(왼쪽)과 청소 로봇(오른쪽). LG전자

는 게 목적인 '장난감 로봇',
집안 곳곳을 다니며 먼지를
흡입하는 '청소 로봇' 등이
유명합니다. 공항 등에서
길을 알려 주는 '안내 로봇'
도 있습니다.

ㄴ 드론은 이미 보편화된 이동형 로봇이다.   DJI

　로봇이 가진 '운동 기능'
에 맞춰 그 종류를 구분하는 경우도 많습니다. 땅 위를 굴러다니거
나 하늘을 여기저기 움직이면서 안내하거나 물건을 가져다 나르는 로
봇을 '이동형 로봇'이라고 부릅니다. 그중에서 하늘을 날아다니는 로
봇을 우리는 '드론'이라고 부르지요. 사람이나 동물처럼 걸어 다니면
'보행 로봇'으로 부릅니다. 팔이 달려 물건을 척척 집어 나르면 '작업
용 로봇' 등으로 부르지요.

　로봇의 생김새를 놓고 이름을
붙이기도 합니다. 네 발이 달렸으
면 '당나귀 로봇', 뱀처럼 기어서
움직이면 '뱀 로봇'이라고 부르는
식입니다. 새 로봇, 곤충 로봇 등
도 있습니다.

　사람처럼 두 다리로 걷고, 두
팔을 가진 로봇은 '인간형(휴머노
이드) 로봇', 그중에서 인간과 거

ㄴ 한국생산기술연구원이 개발한 당나귀 로
봇 진풍.   전승민

▶ ▶

ㄴ 한국의 안드로이드 Ever-2.
한국생산기술연구원

의 외모가 똑같은 로봇은 '안드로이드'라고 부릅니다. 사람이 몸을 기계로 개조한 경우는 '사이보그'로 구분합니다.

안드로이드는 그리스어로 '사남, 남성'이라는 의미인 '안드로(Andro)'에 접미사 oid를 붙여 만든 단어입니다. 여성형 로봇은 '여성'을 뜻하는 접두어 'Gyn'을 붙여 가이노이드(Gynoid)라고 부르는데, 사실 거의 쓰이지 않는 말입니다. '사람을 어느 정도까지 닮았을 때 안드로이드라고 부를 수 있는가'는 사람마다 기준이 다르답니다. 보통은 사람과 거의 구별되지 않아야만 안드로이드라고 하는데, 경우에 따라서 그냥 두 팔과 두 다리가 달린 휴머노이드라는 단어와 구분 없이 쓰는 사람도 있습니다.

(사람을 꼭 닮은) 안드로이드는 정말 수없이 많은 영화에 등장합니다. 대표적으로 영화 〈A.I.(에이 아이)〉에 나오는 주인공 꼬마 로봇이 있지요. 〈스타트렉〉이나 〈에일리언〉 같은 작품에서도 안드로이드 로봇이 중요한 역할로 나옵니다. 세계 최초의 로봇 영화 〈메트로폴리스(Screen_01)〉의 주인공 로봇도 인간을 꼭 닮은 안드로이드이지요.

아직 세상에는 이렇게 사람처럼 생기고 지능도 완전한 로봇은 없습니다. 그런데도 사람들은 '기술이 발전하면 언젠가는 완전히 사람처럼 생긴 로봇이 등장할 것'이라고 기대합니다. 그런 예상이 있어 이렇

▶

게 안드로이드가 나오는 영화가 많이 만들어지는 거겠지요.

이런 영화들은 재미있고 나름의 철학도 담고 있지만, 안드로이드라는 로봇 기술을 중심에 놓고 봤을 때 아쉬운 점이 적지 않습니다. 안드로이드 기술의 출발점에서 반드시 해야 할 고민의 흔적이 보이지 않기 때문이지요. '어떻게 하면 다른 인간이 보기에 완전한 인간으로 보일까? 어떻게 하면 보는 사람에게 기계라는 거부감을 주지 않을까?'와 같은 고민까지 한 작품은 찾기 어려웠습니다. 하지만 이 영화만큼은 이런 고민이 잘 담겨 있어 흥미롭게 보았습니다. 바로 2015년 개봉한 로봇 영화 〈엑스 마키나〉입니다.

'안드로이드'에 대한 철저한 이해

〈엑스 마키나〉의 감독 알렉스 가랜드는 본래 각본가 출신입니다. '레오나르도 디카프리오'가 주연을 맡은 영화 〈비치〉의 원작자이며, 〈네버 렛 미 고〉와 〈저지 드레드〉 리메이크 각본을 맡기도 했지요. 영화 〈엑스 마키나〉가 그의 감독 데뷔작이었습니다.

영화 내용을 살펴볼까요? 정보 기술 분야(ICT) 재벌 '네이든'은 인공지능에 대한 이해가 높은 직원 '칼렙'을 자신의 별장 겸 연구소로 초청합니다. 그리고 직접 개발한 인공지능 로봇 '에이바'를 보여 주지요. 그리고 칼렙과 에이바가 어떻게 교감하는지를 테스트하는데, 이

ㄴ 영화 〈엑스 마키나〉 포스터

때 벌어지는 에피소드가 이 영화의 줄거리를 끌고 갑니다. 이 로봇은 자신이 여성형이며, 남성이 보기에 매력적이라는 장점을 살려 칼렙을 유혹하고, 이를 이용해 결국 자신을 기뒀 ㄷ ㅅ 설에서 딜출하는 네 싱공합니다.

줄거리나 연출과는 별개로 영화를 보면서 내내 감탄한 것이 있습니다. 제작진이 '안드로이드'가 무엇인지, 그리고 로봇의 구분과 그에 따른 기술적 특징, 장단점 등을 완전하게 이해한 것 같았다는 점입니다.

과학자들은 계속해서 휴머노이드 계열의 로봇을 연구해 왔습니다. 두 팔, 두 다리의 운동 성능을 강화하는 것이 주목적일 경우에는 겉모습은 가다듬는 선에서 타협하고, 철저하게 기능미를 추구합니다. 이런 경우, 안드로이드로 부르지 않고 그냥 휴머노이드라고 부르지요. 일본의 혼다, 미국의 아틀라스, 한국의 휴보 등이 여기에 속합니다.

반대로 완전하게 사람과 닮은 로봇, 즉 진짜 '안드로이드'를 연구하는 경우도 있습니다. 고무와 발포 스펀지 등으로 인조피부를 만들어 붙여 주고, 피부색도 칠해 사람과 거의 똑같아 보이도록 만듭니다. 초소형 모터를 얼굴 속에 넣고 그 위에 인조피부를 덮어 사람처럼 표정을 짓게 만들기도 합니다. 사람이 입는 의복을 그대로 입을 수 있고,

▶

팔과 다리도 인간과 똑같아 보입니다.

이런 안드로이드는 연구소나 기업에서 실험적으로 몇 종류 만들기는 하나, 아시모나 휴보 같은 휴머노이드에 비해 기능이 크게 떨어집니다. 지금까지 겉모습을 인간처럼 꾸미는 데 집중한 안드로이드형 로봇 중에 보행 기능이 제대로인 경우는 보지 못했습니다.

겉모습도 아직 완전하지 못하지요. 조금만 구동해 보면 인간이 아니라는 사실을 단박에 알 수 있습니다. 가만히 있으면 잘 모르지만 표정을 지으면 매우 부자연스러워서 흉측해 보이기까지 합니다. 이런 문제를 흔히 '언캐니 벨리'라고 합니다. '불쾌한 골짜기'라는 뜻이지요. 일본의 로봇 공학자인 '모리 마사히로' 도쿄공학대학교 교수가 1970년에 처음 제시한 이론 '부키미노타니'를 영어로 번역한 말입니다. 로봇의 생김새가 인간과 비슷해질수록 친밀도가 높아지다가, 어떤 시점에 이르면 갑자기 강한 불쾌감을 느끼고, 인간과의 구분점이 거의 사라질 정도가 되면 다시 친밀도가 올라가는 현상입니다. 그때의 친밀도를 그래프로 그리면 마치 골짜기처럼 푹 파인 것처럼 보여 '불쾌한 골짜기'라고 부르지요.

〈엑스 마키나〉 제작진은 이런 점을 철저하게 이해하고 있었습니다. 영화 속 에이바는 인체와 동등한 비율의 몸체를 갖고 있습니다. 운동 능력도 완전해서 인간만큼 자연스럽게 움직입니다. 몸체는 대부분 기계 구조가 드러나 보이지만, 그 역시 여성미를 나타내기 위해 철망 구조의 외피로 몸매를 강조한 걸 볼 수 있습니다. 더구나 몸통 안쪽은 상당 부분이 비어 있으므로 경량화 효과도 있을 것입니다.

▶ ▶

특히 몸체 대부분을 기계장치가 드러나도록 만들었으면서도 얼굴과 손 등은 거의 완벽하게 인간의 형태를 하도록 배려한 것도 높은 점수를 줄 만합니다. 우리가 평상시에 만나는 사람들은 대부분 의복을 갖춰 입고 있습니다. 즉 평소에 얼굴과 손을 통해 받는 인상이 그 사람의 외모가 주는 느낌의 대부분을 차지합니다.

이런 점을 생각하면 에이비의 얼굴과 손, 그리고 발 일무는 완전히 사람처럼 꾸며 두고, 몸통은 교묘하게 로봇이라는 점을 강조해 연출한 것은 제작 과정에서 많은 고민을 거쳤음을 보여 줍니다. 더구나 원한다면 몸체 위에 인조피부를 붙여 인간과 완전히 흡사한 모습을 갖추는 것도 가능하다는 설정도 나옵니다. '안드로이드란 어떤 것인가'를 기술적인 입장에서 완전히 이해한 흔적이 보여 영화를 보는 내내 감탄했습니다.

자아를 가진 '인공지능'이 세상에 들어온다면

안드로이드를 개발하는 궁극적인 목표는 결국 '완전히 인간처럼 보이고, 인간처럼 행동하는 로봇'을 만드는 데 있을 것입니다. 소위 말하는 '인조인간'을 만들려는 것이지요. 이 과정에서 빼놓기 어려운 것이 '인공지능'이겠지요. 제작진은 로봇의 인공지능에 대해서도 철저하게 공부해, 작품 속에 그 부분을 나타내려고 노력했습니다.

많은 영화에서 어느 날 일반 컴퓨터 시스템에 새로운 프로그램을 하나 설치하는 식으로 지능이 생겨났다고 묘사합니다. 하지만 실제로 사람처럼 생각할 수 있는 인공지능, 즉 '강(强)인공지능'을 만들기 위해서는 일반적인 컴퓨터 시스템이 아니라 별도의 독창적인 시스템이 필요합니다.

〈엑스 마키나〉에서 에이바의 개발자 네이든은 로봇 개발에 앞서, 희고 투명하며 형태는 사람의 뇌와 비슷한 '인공두뇌'를 개발해 냈습니다. 이 인공두뇌를 로봇에 넣을 수 있지요. 칼렙에게 인공두뇌를 보여 주면서 개발 과정에 대해 서로 이야기를 나누는 장면도 나옵니다. 이런 작고 꼼꼼한 연출이 영화의 신뢰성을 한층 높여 주더군요.

겉모습과 생각하는 능력이 거의 인간과 흡사할 정도라면 그 로봇을 우리는 어떻게 대해야 할까요. 영화는 인공지능 연구자들이 고민해야 할 이 철학적이고 근본적인 질문에 대해 관객들도 함께 고민하게 만듭니다.

인간이 다른 동물이나 기계장치와 다른 점은 자아를 가지고 자기 주도적으로 생각한다는 점입니다. 그러니 자아는 인간만의 본성, 즉 인간성을 규정할 때 그 어떤 것보다 중요합니다.

또한 사람은 자신의 자아를 유지하기 위해 스스로 사고의 토대를 정해 나갑니다. 그러면서 어떤 사상이나 주의, 종교 등을 가지기도 하지요. 삶을 살아가면서 자신의 생각이나 사상이 주변 사람들과 공감될 수 있는지를 끊임없이 비교해 나갑니다. 서로의 사상과 주의를 지키고 존중해야 하기 때문이지요. 물론 그 과정에서 거짓말을 하기도

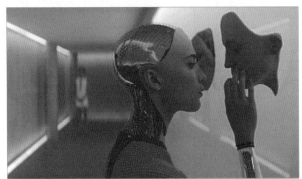

└ 영화 〈엑스 마키나〉에 등장하는 인간형 로봇 '에이바'. 완벽한 인공지능을 가진
존재로 그려진다

하고, 서로 속이기도 하고, 혹은 깊게 공감하여 자신의 생각을 고치기도 합니다. 자아란 결국 인간성 그 자체인 셈입니다.

〈엑스 마키나〉는 그런 자아가 로봇에게 생겨난다는 것이 어떤 의미를 지닐지를 철저하게 고민해 그린 작품입니다. 영화에서 비중이 있는 등장인물은 세 사람뿐입니다. 인간 두 명과 로봇 한 대라고 하는 편이 정확할까요. 이들이 서로의 자아를 지키기 위해 벌이는 심리전에 주목해 보는 것도 좋은 감상이 될 듯합니다.

〈엑스 마키나〉를 연출한 감독이자 시나리오 작가인 '알렉스 가랜드'는 "의식이 곧 인간이며, 로봇이 의식을 갖게 된다면 사람과 같은 권리를 갖게 된다."고 이야기했습니다. 인간성의 기본을 인간의 신체나 사회성 등에 두지 않고, 생각할 수 있는 능력에 둔 것입니다. 만약 누군가 생각할 수 있는 기계를 개발하고, 그 기계가 원하지 않는데도 그 로봇을 가둬 둔다면, 그것은 결국 인간성을 해한 것이므로 윤리적인 문제가 된다고 가랜드 감독은 이야기합니다.

영화 속 로봇 '에이바'도 그런 존재입니다. 사람처럼 생각하는 능력을 갖추지만, 아직 자아에 대한 권리를 인정받지는 못한 에이바는 개발된 이후 연구소 내에 갇혀 생활합니다. '언제든 네이든의 마음에 들지 않으면 폐기될 수도 있다'는 자신의 처지에 대해 강한 불만을 갖고 있습니다.

연구소 방문객 '칼렙'은 에이바가 진짜 자아가 있는지를 확인하는 인공지능 테스트를 맡은 감독관(?)으로서 에이바와 마주 서지요. 이 둘은 이야기를 나누며 일정 부분 공감하고, 일정 부분 의심하고, 또

▶ ▶

서로를 이용하려고 합니다. 네이든 회장은 인공지능 로봇을 개발한 이유나 과정, 그 효용 등에 대해 칼렙에게 감추는 부분이 적지 않습니다. 두 명의 사람과 한 대의 로봇, 세 자아가 서로의 이익과 호기심을 충족하기 위해 벌이는 심리전을 느껴 보는 것도 이 영화를 보는 또 다른 관람 포인트가 되지 않을까 싶습니다.

개봉 당시 〈에스 마키나〉를 보고 실망했던 관객이 많았나고 합니다. 로봇이 하늘을 날며 적을 물리치는 화려한 액션 혹은 기승전결이 완전하게 떨어지는 권선징악의 드라마를 기대했다면 이 영화를 보고 실망할지도 모릅니다. 하지만 '자아를 가진 완전한 안드로이드가 등장한다면, 인간 앞에서 과연 어떤 행동을 하게 될까?'를 깊이 있게, 그리고 매우 기술적으로 설득력 있게 그린 수작임엔 분명합니다. 적어도 그 점 하나만큼은 역대 로봇 영화 중에서 가장 높은 점수를 주고 싶은 작품입니다.

인간의 기억을 가진 전자두뇌를 갖고
기계 몸을 입는다
〈공각기동대〉

SCREEN
16

영화 속에선 로봇으로 보기도, 그렇다고 사람으로 보기도 모호한 존재들이 가끔 나옵니다. 대표적인 사례로 로보캅(Screen_05)이 있지요. 인간의 뇌를 지녔지만, 육체의 대부분은 기계장치로 만들어진 이가 주인공이지요. '사람으로 태어났지만 로봇의 육신을 갖고 살아가는' 인물입니다. 이들은 자신의 '정체성'에 대한 혼란을 겪습니다. 자신이 인간인지, 혹은 로봇인지를 명확히 하지 못해 혼란을 겪고, 또 괴로워하지요. 로봇 기술이 극단적으로 발전한 미래엔 사람과 로봇의 '혼종'이 태어날지 모른다는 예상에서 나온 다소 암울한 미래의 모습입니다.

그런데 로보캅보다 더 기계에 가까운 존재가 있다면 어떻게 될까요. 로보캅은 뇌와 신경계, 호흡계 등 신체 일부는 사람이었습니다. 인간의 몸에 기계장치를 이식해 만든 '사이보그'의 범주에 들어가지

▶ ▶

요. 그런데 온몸이 기계이며 두뇌마저도 사실상 기계인 존재가 있다면 어떨까요? 다만 그 존재가 인간의 기억을 갖고 스스로 생각하면서 살아간다면 이 로봇의 존재는 인간일까요, 아니면 로봇일까요? 이 로봇이 가진 지능은 인공지능일까요, 아니면 사람의 지능일까요?

이에 대한 고민을 그려 낸 영화가 있습니다. 2017년 개봉한 〈공각기동대, 고스트 인 더 쉘〉입니다.

인간의 기억을 가진 인공지능 로봇, 인간일까 로봇일까?

영화 〈공각기동대〉는 2017년 3월 개봉됐습니다. 인기 배우 스칼릿 조핸슨이 주역을 맡았고, 1990년대 큰 화제를 모은 일본 만화영화를 새롭게 영화로 만들어 큰 관심을 모았습니다.

ㄴ 영화 〈공각기동대〉 포스터

〈공각기동대〉의 주인공 '미라 킬리언' 소령은 본래 인간이었습니다. 하지만 어느 날 문득 자기 자신을 되돌아보니 원래 육신은 죽어서 없어졌지요. 자신이 진짜 사람인지 알 길이 없어진 것입니다. 그러니 계속해서 자신이 정말 인간이 맞는지 의구심을 갖고 살아갑니다.

킬리언 소령은 뇌만이 남아 있고, 그 뇌조차 기계적인 개조를 받은 상태입니다. 사실상 전신이 기계장치인 존재, 이런 존재를 우리는 과연 사람이라고 부를 수 있을까요? 하지만 킬리언 소령은 '명백한 자아'를 가진 완전한 지능이 있는 상태입니다.

킬리언 소령의 두뇌에 인간의 신경계가 어느 정도 남아 있는 것 같기는 합니다. 그렇다면 만약 킬리언 소령이 개조되는 과정에서 두뇌를 완전히 컴퓨터 시스템으로 바꾸고, 생전의 기억만 꺼내 전자두뇌에 옮겨 넣었다고 가정해 봅시다. 그렇게 하면 킬리언 소령은 모든 것이 완전한 로봇인 셈입니다. 하지만 그 로봇은 킬리언 소령의 살아생전 기억을 갖고 있고, 평소 습관이나 성격도 그대로 지녔습니다.

한 발 더 나아가서 생각해 봅시다. 만약 킬리언 소령의 뇌가 완전한 기계라면, 그래서 그 뇌 속에 있는 기억만이 그가 인간이었던 증거라고 한다면, 그는 인간일까요. 아니면 로봇일까요. 인간과 로봇을 나누는 기준은 살아 있는 두뇌에 있는 것일까요. 아니면 그 두뇌 속에 든 그 사람의 추억일까요.

이 문제에 대해 원작 만화에서 주인공으로 그려진 '쿠사나기 모토코' 소령은 "난 온몸이 기계야. 뇌조차 기계인지 알 수 없지. 난 인간일까?"라고 말하며 끊임없이 고뇌합니다. 영화에서도 킬리언 소령이 이와 같은 고뇌를 하지요.

영화에서는 이런 사이보그들의 두뇌를 해킹해 다른 사람이나 사이

예전에
나는 인간이었지만,
지금 난 온몸이 기계야.
나는 인간일까?

보그를 마음대로 움직이는 '인형사'라는 악역이 등장합니다. 이 악역
은 사실 실체가 없는 인공지능이었지요. 인공지능인지 알 수 없는 지
능을 가진 주인공이, 이미 완전한 인공지능인 범인을 찾아 쫓고 쫓기
는 것이 이 영화의 줄거리인 셈입니다. 인간과 인간이 아닌 것의 경계
에 있는 존재들을 등장시켜 '우리가 생각하는 인간의 기준'에 대해 이
작품은 끊임없이 탐구합니다.

　많은 사람들이 이런 가정을 했을 때, 인간과 기계를 구분하는 기준
으로 그 인간의 기억과 경험을 꼽기도 합니다. 인간의 성격과 경험의
바탕에는 기억이 있습니다. 그러므로 인간의 지능을 이야기할 때 '기
억'을 빼놓고 말하기는 어렵지 않을까요?

　이처럼 철학적으로 뛰어난 질문은 담은 〈공각기동대〉는 원작 만화
책을 바탕으로 수없이 많은 애니메이션 작품이 나왔습니다. 하지만

▶

영화 〈공각기동대〉의 모티브가 된 '진짜' 원작은 1995년 발표된 극장판 만화영화 〈공각기동대: 고스트 인 더 쉘〉입니다. 이 작품의 마지막에 쿠사나기 소령은 컴퓨터 소스코드를 만든 인공적인 자아 '인형사'가 두뇌로 들어와 하나로 합쳐지게 됩니다. 두 개의 자아를 지닌 존재가 된 쿠사나기 소령이 매우 상쾌한 표정으로 거리로 나서며 영화는 끝이 납니다.

이 마지막 장면에 대한 해석은 각기 다르지만 저에게는 소령이 인간이기를 포기하면서 마침내 고민과 굴레를 벗어버린 것으로 보였습니다. 쿠사나기 소령에게는 자신이 지닌 기억과 추억이야말로 스스로를 인간이라고 여기는 절대적 기준이었습니다. 하지만, 내심 자신을 자꾸 질문하게 하는 그런 모호함을 싫어했던 것이 아닐까 합니다.

'전뇌화' 기술과학적 해결책… '광학미채' 기술은 미지수

영화에서는 상세한 설명이 없습니다만, 원작에는 주인공(킬리언 소령 혹은 쿠사나기 소령)의 두뇌를 어떻게 만들었는지에 대한 설명이 어느 정도 나옵니다. 사이보그들은 기계 몸체와 인간의 신경계를 연결하기 위해 두뇌를 개조하는 '전뇌화'라는 작업을 거쳐야 합니다. 뇌를 전용 용기 속에 튼튼하게 밀봉하고, 그 뇌에다 나노 컴퓨터 소자를 투입해 전자신호를 받아들일 수 있도록 만드는 것입니다.

▶ ▶

영화에서 이렇게 만든 두뇌를 '전뇌'라고 부릅니다. 즉 전뇌화를 거쳐야만 의체(義體)라고 부르는 기계 몸과 연결해 전신을 통제할 수 있습니다. 하지만 이 전뇌란 것이 뇌와 나노 컴퓨터를 섞어 만든 시스템이다 보니 어디까지가 인간이고, 어디까지가 기계인지 구분이 모호해져 버립니다. 그러니 〈공각기동대〉의 킬리언 소령은 로보캅과는 비교할 수 없은 정도로 기계에 가깝다고 볼 수 있습니다.

개인적으로 이런 '전뇌화' 작업이 인간의 뇌와 기계장치를 연결하는 최고의 수단이라는 생각도 들었습니다. 흔히 인간의 몸과 기계를 연결할 때, 많은 영화에서 헬멧 등을 쓰고 뇌파를 측정하는 설정이 나옵니다. 하지만 뇌파만으로는 그렇게 많은 정보를 신속하게 전달할 수 없습니다. '전뇌화'는 가장 확실하게 두뇌와 뇌를 연결할 수단을 고민하던 작가 나름의 해결책이었겠지요. 이 작품의 원작 만화영화가 1995년에 나온 점을 생각하면 대단히 과학적인 설정인 셈입니다.

〈공각기동대〉를 보며 가장 인상 깊었던 부분은 '광학미채' 기술이 나온 장면입니다. 킬리언 소령의 최대 특기는 위장술이지요. 어디서나 자신의 모습을 감출 수 있는 미채(迷彩, 일본어로 '위장'이라는 뜻) 기능이 있어서 사실상 투명인간 상태로 적에게 은밀하게 접근할 수 있습니다. 빛을 이용한 미채 기능이니 '광학미채'라고 부르며, 그런 기능을 하는 옷은 광학미채복이라고 부릅니다. 일부에선 '투명망토' 기술이라고도 부르지요.

투명망토를 현실에 완성하는 방법도 크게 두 가지가 있는데, 첫째로 '메타물질' 방식입니다. 아무리 매끈해 보이는 물건이라도 현미경

▶

으로 보면 표면에 우둘투둘한 무늬가 있기 마련입니다. 이런 무늬의 크기를 빛의 파장보다 더 작게 만들면 어떻게 될까요. 빛이 물질에 닿았을 때 반사되지 않고 흡수되거나 다른 방향으로 휘어 나가도록 만들 수 있습니다.

이 원리는 전파나 소리에도 적용할 수 있습니다. 전파를 흡수하거나 다른 방향으로 휘어 가게 만든 것이 스텔스 전투기이지요. 소리를 듣고 적을 찾아야 하는 바닷속에서 적에게 들키지 않는 잠수함 등을 만들 때도 이런 기술이 일부 쓰입니다.

하지만 빛을 흡수하거나 휘어지게 만드는 메타물질은 전파나 소리에 비하면 만들기가 굉장히 어렵습니다. 물질 표면에 빛의 파장보다 작은 무늬를 인공적으로 만드는 일이 거의 불가능하기 때문입니다.

억지로 만든다 해도 또 다른 문제가 생깁니다. 빛을 완전히 흡수해 버리면 주변에서 볼 때 완전히 검은색으로 보일 것입니다. 그러니 낮에는 도리어 눈에 더 잘 보이겠지요. 영화 속에서처럼 투명하게 보이려면, 주변의 빛을 자유자재로 휘어지도록 미채복을 조작해 눈앞에 있는 사람의 눈동자 방향으로 보내 주어야 합니다. 빛을 이 정도 수준으로 능수능란하게 제어하는 것은 현대 과학 기술로는 사실상 불가능한 일입니다.

두 번째는 디스플레이 기술을 이용하는 것입니다. 쉽게 말해 의복을 얇은 컴퓨터 모니터처럼 만드는 것입니다. 초소형 카메라를 이용해 주변 풍경을 정확하게 촬영하고, 의복의 표면에 주위 배경과 거의 구별되지 않을 만큼 정교한 영상을 만들어 뿌려 주는 것이지요. 그러

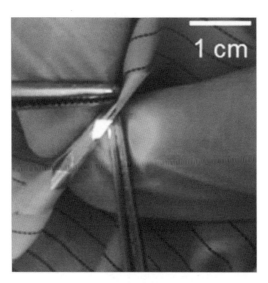

└ 국내 연구진이 2017년 개발한 의류형 디스플레이. 직물과 유기발
광다이오드(OLED)를 융합해 만들었다.   KAIST

면 얼핏 보아서는 그런 옷을 입고 있는 사람이 잘 보이지 않겠지요.
메타물질을 이용한 방법보다는 쉬워 보입니다만, 이 역시 바라보는
사람의 시선, 주위의 풍경과 빛의 밝기 등을 거의 완벽하게 파악해야
하므로 절대 쉽지 않습니다.

〈공각기동대〉는 기계가 된 인간의 고뇌, 처음부터 고성능 인공지
능으로 만들어진 존재와 인간의 기억을 가진 인공지능의 융합, 근 미
래에 펼쳐질 다양한 세계의 모습 등 여러 현상을 현실감 있게 그려 냅
니다. 보는 이들로 하여금 많은 것을 생각하게 하지요. 이러한 미래의
명암을 짚어 보는 것 역시 과학의 발전에 큰 도움이 되지 않을까 생각
해 봅니다.

생각하는 인공지능 로봇,
세상에 등장할 수 있을까?

영화에 등장하는 수많은 인공지능 로봇은 사람처럼 생각할 수 있고, 감정
이 있습니다. 2015년 개봉한 영화 〈채피(Screen_12)〉에는 사람처럼 생각하
는 로봇이 주인공으로 등장합니다. 개발자 한 사람이 경찰용 로봇 한 대에
새로운 프로그램을 집어넣었는데, 이 프로그램이 자의식(자아)를 갖게 되면
서 배우고 학습해 결국 사람처럼 생각하게 되지요. 유명한 영화 〈터미네이터
(Screen_13)〉도 어느 날 '스카이넷'이라는 인공지능 컴퓨터가 자아를 갖게 되
면서 사람에게 반항하는 내용을 담고 있습니다. 거의 반세기 전인 1968년 개
봉한 〈2001 스페이스 오딧세이〉에도 'HAL 9000'이라는 컴퓨터가 반란을 일
으키는 장면이 나오지요.

인간에게 반항하는 컴퓨터를 그린 영화나 소설은, 사실 세상에 컴퓨터라는 물
건이 생겨나면서 끊임없이 되풀이되어 온 케케묵은 스토리였답니다. 이런 영
화를 보면 공통점이 한 가지 있습니다. '컴퓨터의 성능은 계속 좋아지고 있다.

점점 좋아지다 보면 어느 날 어떤 계기로 인해 갑자기 사람처럼 지능이 생겨

나서 생각을 할 수도 있다'는 아이디어에서 출발하는 것 같습니다. 그런데, 이

런 일이 정말로 가능할까요?

자, 그럼 한번 차근차근 생각해 보면 어떨까요? 로봇은 정말로 위험할까요?

인공이라는 뜻은 사람이 만들었다는 뜻입니다. 사람이 '지능'을 만드는 일이

정말 가능할까요?

여기서 우리가 알아야 할 것은 영화에서 그리는 수많은 인공지능 로봇과 현실

속 인공지능에는 큰 차이가 있다는 점입니다.

인공지능은 크게 두 종류로 구분합니다. 쉽게 말해 사람처럼 생각을 할 수 있

으면 '강한 인공지능'이라고 부른답니다. 영어로 '스트롱 에이아이(Strong AI)'라고 부르지요. 줄여서 '강인공지능'이라고도 합니다. 반대로 사람이 시킨 일을 자동적으로 처리하는 인공지능을 '약한 인공지능'이라고 부르지요. 영어로는 '위크 에이아이(Weak AI)'라고 합니다. 이것도 '약인공지능'이라는 줄임말을 자주 씁니다.

지금까지 인간들이 개발한 인공지능은 모두 약인공지능입니다. 요즘은 약인공지능의 성능이 아주 좋아져서 과거에는 사람만이 할 수 있었던 많은 일을 자동으로 수행하는 수준에 도달했습니다. 바둑 세계챔피언은 우습게 이겨 버리는 '알파고'도, 의사 선생님보다 진단을 더 잘 내리는 인공지능 컴퓨터 '왓슨'도 여기에 해당됩니다.

이처럼 인공지능은 대단히 훌륭한 도구이고, 사용하기 편리한 좋은 기능입니다. 그러나 사람처럼 자아가 없다는 한계를 여전히 안고 있습니다. 사람은 자기 자신의 존재를 인식하고 있고, 무언가 하고 싶어 하며, 어떤 존재가 되고 싶다는 욕구가 있습니다. 의사 선생님이 되어 많은 환자를 치료하고 싶다는 욕심이 있으니 우리는 열심히 공부해서 의대에 가고, 또 매일 밤을 새워 가며 공부를 해 의사 시험을 보는 것이지요.

하지만 약인공지능은 사람이 일을 시키면 자동으로 움직이며 그 일을 묵묵하게 해 낼 뿐입니다. 인공지능 의사 '닥터 왓슨'이 더 좋은 의사가 되고 싶다는 욕심이 생겨 아무도 가르쳐 주지 않았는데 혼자 의학서적을 찾아가며 읽을 리는 만무하다는 뜻입니다.

미래에는 이런 약인공지능을 잘 활용하는 사람이 사회의 주역이 될 것입니다. 자신의 욕구를 갖고, 다른 사람의 요구와 자신의 권리를 잘 알고, 타인에게 피해를 주지 않는 선에서 법과 규정을 지키며 주도적으로 일할 줄 아는 사람이 사회의 주역이 되겠지요. 반대로, 남이 시킨 일을 묵묵히 하는 사람은 점점 설 자리가 좁아질 것입니다.

그렇다면 '강인공지능'이 개발될 가능성은 없는 것일까요? 강인공지능을 로봇의 전자두뇌에 심어 준다면 아마 영화에 나오는 킬러 로봇이 나타날 가능성도 있을 것 같습니다. 하지만 아직 그런 기술이 개발될 가능성은 거의 없다는 것이 뇌과학, 인공지능 개발자 모두의 공통된 의견입니다.

그 이유는 매우 간단합니다. 아직 인간이나 고등동물이 '지능'을 가지는 과학적인 원리를 알지 못하기 때문입니다. 간혹 "과학 기술이 우리나라보다 더 뛰어난 외국 연구 기관에선 이미 개발하고 있는 것 아니냐."고 의심하는 사람도 있었습니다. 하지만 우리나라 과학 기술 수준 역시 세계 순위에 들어갑니다. 한국에도 세계적인 과학자들이 여러 분 계시지요. 제가 과학 기술 분야 취재를 다니면서 만난 수많은 전문가들은 '강인공지능 개발에 필요한 자아의 원리는 실제로 밝혀진 것이 거의 없으며, 현재로서는 아직 연구 단계일 뿐'이라고 이야기합니다.

물론 강인공지능을 만드는 방법을 연구하는 과학자들도 있습니다. 컴퓨터 속에 인공두뇌를 시뮬레이션하는 방법을 연구하는 사람, 인간의 뇌 구조를 연구해 어떤 점에서 자아를 갖는지 신경세포의 구조를 연구하는 사람 등 수많은 과학자가 인간이 가진 '지능의 비밀'을 풀기 위해 노력하고 있습니다. '킬러 로봇을 만들자'는 생각에서 연구하는 것이 아니라, 인간의 뇌 구조에 대한 비밀을 풀어 의학적으로 활용하기 위한 노력이지요.

연구 결과, 마침내 '지능이 어떻게 생겨나는지' 그 원리를 알게 되는 날이 올지도 모릅니다. 사람의 두뇌 역시 고도의 생체 시스템이라고 할 수 있지요. 그러니 언젠가는 그 비밀을 풀어 사람처럼 생각하는, 자아를 가진 로봇이 등장할 가능성은 있습니다. 하지만 지금은 그게 언제가 될지 누구도 장담할 수 없습니다. 지금 단계에서 강인공지능을 가진 로봇이 나타나는 걸 무서워하며 연구를 하지 않을 수는 없는 일입니다. 간단하게 예를 들면, "우리가 살고 있는 모든 건축물은 언젠가는 무너질 수도 있어. 그러니 나는 집에 들어가서 잠을 자지 않겠어."라고 생각하는 것과 비슷합니다. 건물이 위험하다고 생각된다면 안전검사 결과를 보고 결정해도 늦지 않으니까요.

언젠가는 기계도 자아와 감정을 갖게 될지 모릅니다. 하지만 그런 일이 일어난다고 미래 사회가 꼭 〈터미네이터〉에 나온 암흑사회(디스토피아)가 될 거라고 생각할 필요는 없습니다. 알 수 없는 미래를 무작정 걱정하기보다는 더 나은 미래, 더 안전하고 편리한 세상을 위한 안전기준을 만드는 일에 더 노력을 기울여야 하지 않을까 생각해 봅니다.

영화로 살펴보는 미래의 '로봇 사회'

'로봇 3원칙'에 대해 들어 본 적이 있나요? 1. 로봇은 인간을 해치지 못하고, 2. 로봇은 인간의 명령을 들어야 하며, 3. 로봇은 자기 스스로를 지켜야 한다는 규칙이지요. 모든 로봇이 이렇게 만들어진다면, 설령 사람보다 더 똑똑한 로봇이 등장해도 로봇은 인간의 명령을 들어야만 합니다.

왜 이런 법칙이 생겨났을까요. 그만큼 '로봇과 함께 살아가는 삶'에 대해 고민하고 있는 것은 아닐까요. 로봇이 사람만큼 똑똑해질 미래에 대비해, 지금부터 여러 가지 제도를 고민하자는 데는 아마 이견이 없을 겁니다.

로봇과 인간이 함께 살아가는 세상이 되려면, 우선 로봇의 '권리'에 대해서도 생각해야 합니다. 대표적으로 로봇을 '인간을 위한 노예 계급으로 구분하자'는 의견이 있습니다. 이런 논의는 이미 현실에서도 진지하게 진행되고 있답니다. 대표적인 것이 유럽연합(EU)이 지정한 '로봇의 권리'입니다. 유럽연합 의회는 2017년 인공지능(AI) 로봇의 법적 지위

를 보통 사람과 다른 '전자 인간'으로 지정하자고 결정했습니다. 이는 국가 차원에서 AI 로봇의 지위, 개발, 활용에 대한 기술적·윤리적 기준을 제시한 것이지요.

앞으로 유럽연합 가입국들은 로봇 3원칙에 따라서 모든 로봇을 만들어야 하며, 인간이 언제든 로봇을 멈출 수 있도록 비상정지 스위치를 달아야 합니다. 이 기준에서 벗어난 로봇은 수입도 하지 않을 계획입니다. 당시 유럽연합은 "AI 로봇을 전자 인간으로 규정해 로봇은 인간에 도움을 주는 존재일 뿐임을 명확히 한 것"이라며 "이를 위한 탄탄한 법적 근거를 만들 필요가 있었다."고 밝혔답니다.

앞으로도 더 많은 논의가 이루어지고 '로봇이 함께하는' 사회의 모습과 제도는 점점 더 발전해 갈 것입니다. 그렇다면 영화 속에 그려진 미래의 로봇 사회는 과연 어떤 모습일까요?

내 성격과 딱 맞는 로봇과 친구가 되는 미래
〈스타워즈〉

영화를 좋아하는 사람이라면 〈스타워즈〉 시리즈를 알고 있을 것입니다. 여러 행성을 오가며 우주 전쟁을 벌인다는 독창적인 설정으로 많은 관객에게 수십 년째 사랑을 받고 있지요. 〈스타워즈〉의 첫 편은 1977년 개봉했는데, 공전의 인기를 끌며 아카데미 시상식에서 11개 부문에 후보로 올라 무려 7개의 상을 휩쓸었습니다. 이 영화는 현시점에서 보면 〈스타워즈〉 시리즈 4편에 해당합니다. 3년 후인 1980년에 5편이, 1983년에 6편이 연이어 나오며 대중에게 크나큰 인기를 얻습니다. 그 결과 완구, 캐릭터 상품, 출판 만화나 만화영화 등으로도 만들어졌고 이제는 한 편의 영화가 아닌 하나의 문화로까지 자리 잡았습니다.

그 이후 16년간 중단해 있던 〈스타워즈〉는 과거로 돌아가 1999년 에피소드 1편부터 나오기 시작합니다. 2002년 2편, 2005년엔 3편을

연이어 개봉했습니다. 또다시 휴식기에 들어갔던 〈스타워즈〉 제작사
는 2015년에 7번째 스토리, 2017년에 외전을 선보입니다. 2018년에
개봉한 〈스타워즈〉 시리즈는 외전인 〈한 솔로: 스타워즈 스토리(이하
한솔로)〉, 그리고 마지막 편 〈스타워즈: 라이즈 오브 스카이워커〉가
있습니다. 최근 개봉한 〈스타워즈〉 시리즈들은 세련미를 너무 강조
한 탓인지 과거 〈스타워즈〉 시리즈가 주던 독특한 세계관이 조금 달
라진 듯해 개인적으로 아쉽기도 했습니다.

로봇의 '개성'을 나타내다

〈스타워즈〉 시리즈의 가장 큰
매력은 장대한 스케일과 장엄한
분위기일 것입니다. 일사불란하
게 움직이는 제국군의 공격, 그
들의 통치에 부당함을 느끼고 싸
워나가는 저항군, 행성을 오가
며 싸우는 주인공들의 활약이 큰
매력이지요. 여기에 작은 재미

ㄴ 영화 〈스타워즈〉 포스터

를 더해 주는 이른바 '깨알' 요소가 곳곳에 숨어 있습니다. 길쭉한 코
나 귀를 가졌고 온몸이 털로 뒤덮인 외계인들이 지구인들과 이웃처럼

교류한다는 설정이나, '기공(포스)'을 다루는 제다이 전사들이 사부에게 무술을 배우는 모습 등 동양 무협물에서 볼 수 있는 인물의 성장기도 무척 흥미롭습니다.

거기에 빼놓을 수 없는 요소로 로봇 '드로이드'가 있습니다. 이들은 완벽한 인공지능을 지녀 주인공들과 마치 친구처럼 지내지요. 드로이드라는 이름은 사람과 닮은 로봇을 칭하는 '안드로이드'에서 따온 것 같습니다. 이 영화에선 그냥 '인공지능 로봇' 정도의 의미로 쓰이는데, 이 드로이드는 겉보기에 로봇인지 단박에 알 수 있습니다. 팔과 다리가 없이 몸통만 있는 드로이드도 있습니다. 〈스타워즈〉에 등장하는 로봇은 한 대 한 대가 저마다 개성이 있습니다. 로봇을 마치 인간의 친구나 동료처럼 묘사해 '미래의 로봇 사회'가 어떤 모습이 될지 생각해 보게 해 줍니다.

〈스타워즈〉는 우주여행을 자유롭게 할 수 있는 시대의 이야기입니다. 로봇과 인공지능 기술 역시 최고 수준으로 완성돼 있지요. 그러니 로봇들도 스스로 생각할 수 있고, 인간처럼 저마다 성격을 갖고 있습니다.

물론 이런 인공지능을 가진 로봇이 등장하는 영화는 〈아이, 로봇〉, 〈바이센테니얼 맨〉, 〈에이 아이(A.I.)〉 등 헤아릴 수 없이 많습니다. 이 영화들에서는 어디까지나 로봇 한두 대가 주목을 받으면서 갈등의 중심이 되지요. 그러나 〈스타워즈〉의 세계에서는 여러 대의 드로이드가 함께 나오고, 드로이드와 드로이드끼리 대화를 하고, 인간과 섞여 생활하며 저마다 자기가 맡은 일을 합니다. 여타 영화처럼 로봇이

자아를 깨닫게 되면서 생기는 갈등을 그리는 것이 아니라, 이 영화 속 인공지능 로봇들은 이미 생활 속에 들어와 있고, 인간 사회의 구성원으로서 자신만의 일을 합니다. 한 명의 등장인물로 여겨도 좋을 정도로요.

로봇과 인간이 친구처럼 지내며 서로 함께 노력하는 세상. 〈스타워즈〉는 어쩌면 로봇과 인간이 함께 살아가는 미래의 모습을 그린 최초의 영화일 것 같습니다.

스타워즈 속 다양한 로봇 군상들

〈스타워즈〉에는 지금까지 어떤 '드로이드'들이 등장했을까요. 드로이드 하면, 가장 먼저 떠오르는 노넬이 아마 원통형 컴퓨터 로봇 'R2-D2'와 황금빛 인간형 로봇 'C-3PO'일 것입니다. 보통 '알투(R2)'와 '쓰리피오(3PO)'로 줄여서 부르지요. 3PO는 수다스럽고 허풍스러운 성격으로 관객들에게 웃음을 줍니다. 외계어 번역 능력이 있어 어떤 언어든 알아들을 수 있는 똑똑한 로봇이지요. R2는 컴퓨터어로 의사 전달을 할 수 있지만 (3PO는 항상 옆에서 그 통역을 맡고 있습니다), 매우 과묵해 묵묵히 맡은 일을 수행하지요. 연산 능력이 엄청나 적국의 정보를 해킹하는 등 큰일을 해 내는 존재입니다.

2016년 개봉한 스타워즈 외전 〈로그 원: 스타워즈 스토리〉에 나오는 군사용 드로이드로 'K2-SO(K2)'도 주목할 만합니다. 이 영화를 보기 전에는 군사용 드로이드라고 하니 임무만 묵묵하게 수행하고, 냉철한 판단으로 피도 눈물도 없이 적과 싸우는 마치 '터미네이터'와 같은 로봇을 생각했습니다. 하지만 막상 영화를 보니 K2는 군사용 드로이드를 탈취해 와 제어프로그램을 변경해 만든 존재로, 저항군의 멤버인 '카이안 앤도'를 돕는 부조종사로 활약합니다. 애초에 군사용 로봇으로 만들어져서인지 부조종사일 때도 적군이 던진 수류탄을 밖으로 내던져 모두를 구하는 등 실제 전투 상황에서 큰 활약을 합니다.

까칠한 성격에 말투도 딱딱하지만, 동료들을 위해 몸을 바치는 '츤데레' 캐릭터이지요.

2015년 개봉한 7번째 편 〈스타워즈: 깨어난 포스〉에 나온 드로이드 'BB-8'은 R2와 같은 정보처리형 드로이드인데, 맡겨진 일을 잘 처리하지만 중간중간 장난도 칩니다. 그러다 보니 영화를 보는 내내, 어린 천재에게 중요한 일을 맡겨 놓고 불안해하는 어른이 된 심정이었습니다. 원통형 몸체를 굴리며 이동하는 모습이 귀여워 큰 인기를 끌었지요. 주먹만 한 크기의 장난감으로도 나와 인기리에 팔리기도 했습니다.

〈한솔로〉에선 여성(?) 드로이드 L3-37(L3)이 등장합니다. 물론 외모는 기계형 로봇이지만, 이 드로이드는 스스로 여성이라고 생각하는 듯했습니다. 우주선을 조종하는 '파일럿' 드로이드인데, 남성 우주선 파일럿과 여성으로서 교감하고, 여성 인권과 드로이드의 인권(기계권?)에 대해 토로하는 등 '사회운동가'처럼 묘사됩니다.

사실 이 이름에는 단어 유희도 숨어 있습니다. 7과 3을 모양이 비슷한 알파벳 t와 e로 바꾸면 Leet(엘이이티), 이것을 빨리 읽으면 영어단어 'Elite(엘리트)'와 비슷해집니다. 한마디로 '똑똑한 로봇'이라는 의미가 이름에 담긴 셈입니다.(L3-37→L337→Leet→Elite).

인간 두뇌의 비밀은 아직 풀리지 않았습니다. 그러나 인간의 두뇌도 정확한 구조에 기인하고 있는 만큼, 지속적인 연구개발이 이뤄진다면 드로이드처럼 생각하는 로봇도 등장할 가능성은 있습니다. 앞으로 몇십 년, 몇백 년이 걸릴지 알 수 없지만, 미래에 로봇이 인간처럼 생각하고 함께 어울려 살아가는 설정이 이상하지만은 않습니다.

여담입니다만, 〈스타워즈〉 시리즈는 가끔 비과학적으로 보일 때가 있습니다. 그 이유는 개성과 성격을 가진 로봇 드로이드보다, 기공을 자유자재로 구사하는 '제다이'의 존재 때문입니다. '기공'이란 무협지에서나 나올 법한 설정이라 과학적인 측면에서 보면 거부감이 들 수밖에 없지요. 그러니 제다이 종족이 지구인이라는 실낱은 어디에도 없습니다. 인간에게 없는 특수 능력을 가진 외계 종족이라면 기공을 쓴다 해도 딱히 흠이라고 할 수는 없겠지요.

1970년대에 첫 작품이 나온 이후, 우주를 배경으로 방대한 스케일을 호쾌하게 그려 낸 〈스타워즈〉는 시대를 연 하나의 문화로 자리 잡았습니다. 그 후 영화사에 거대한 영향력을 끼칩니다. 〈스타워즈〉는 시대를 앞서 나간 SF 영화라고 해도 좋을 것 같습니다.

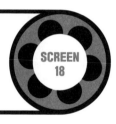

한 남자의 서글픈 삶으로 본 '로봇의 권리'
〈바이센테니얼 맨〉

"가장 기억에 남는 로봇 영화는 무엇인가요?"

"당연히 〈바이센테니얼 맨〉이죠."

지금까지 수많은 로봇 영화를 보았고 그중에는 완성도나 작품성이 대단히 뛰어난 것들도 아주 많았습니다. 그럼에도 '가장 기억에 남는 로봇 영화'로는, 스스럼없이 1999년 개봉한 영화 〈바이센테니얼 맨〉을 말할 것입니다. 이 영화보다 잘 만들 수는 있지만, 이 영화보다 더 깊은 철학을 담기는 어렵기 때문입니다.

'바이센테니얼(Bicentennial)'의 원뜻은 '200년 주기'라는 의미입니다. 제목 '바이센테니얼 맨'을 한국어로 바꾸면 '200살을 맞은 사나이' 정도가 되려나요. 사람이 200년을 살 수는 없으니, 영화에 나오는 주인공 로봇이 200년을 살았다는 이야기를 짐작해 볼 수 있습니다.

▶ ▶

└ 원작자 아이작 아시모프와 영화 〈바이센테니얼 맨〉 포스터

이 영화는 세계적인 SF 작가 '아이작 아시모프'가 1970년대에 출간한 소설이 원작입니다. 소설의 제목도 『바이센테니얼 맨』이었지요. 아시모프는 이 소설로 많은 상을 받았습니다. 1977년 휴고상 중편 부문, 1976년 네뷸러상 중편 부문을 수상했지요. 이 1970년대 원작 소설을 1990년대에 영화로 만든 것이 〈바이센테니얼 맨〉입니다. 그 소설과 영화가 2020년인 지금까지 회자된 사실은 아이작 아시모프가 로봇의 문화에 대해 얼마나 깊은 고민과 통찰을 지녔는지 알려 줍니다.

'로봇의 법적 권리'를 처음으로 말하다

이 영화의 배경은 미국 뉴저지주입니다. 한 남자가 가사도우미 로봇 'NRD-114'를 구입하면서 시작되지요. 가족들은 이 로봇에게 '앤드류'라는 애칭을 붙이고 함께 생활합니다. 인간을 완벽하게 닮은 로봇을 지칭하는 '안드로이드'에서 따온 이름입니다.

영화 시작 즈음 앤드류의 모습은 안드로이드라고 하기엔 너무 로봇 같습니다. 하지만 후반부로 갈수록 '안드로이드'로 부르기에 전혀 무리가 없을 만큼 인간의 모습으로 자신의 몸을 고쳐 나갑니다. 가사도우미 로봇 앤드류는 가사, 청소 등 모든 집안일을 완벽하게 처리합니다.

영화가 그린 이 시기는 2005년이었습니다. 이 영화를 만들 때만 해도 '이때쯤이면 사람처럼 걷고 집안일도 해 주는 서비스 로봇이 나올 것'이라고 생각한 것이지요. 하지만 2005년을 한참 넘어선 2020년인 지금도 언제 앤드류와 같은 인간형 로봇이 나올지 점치기 어렵습니다. 작가가 예측한 기술 발전의 속도가 너무 빨랐던 걸까요?

사실 이 영화나 원작 소설이 집중하는 주제는 따로 있습니다. 로봇의 구동 시스템 같은 기술적인 부분보다는 '자아를 가진 로봇이 인간 사회에서 살아가면 어떤 일이 생길까'에 대한 고민입니다. 그중 일부는 지금 생각해 보아도 놀랍도록 진보적이지요.

이 영화에서 가장 주목할 부분은 로봇의 '권리'입니다. 만약 로봇이 사람처럼 창작 활동을 한다면, 로봇은 그 작품을 돈을 받고 팔 수 있을까요? 로봇은 자신이 만든 발명품에 특허를 내고 지적재산권을 행사할 수 있을까요? 인간처럼 은행 계좌를 개설하고, 돈을 모을 수 있을까요?

현실에서 사람들이 이 개념을 본격적으로 고민한 건 2010년 이후의 일입니다. 이 시기부터 바둑 인공지능 알파고, 의료용 인공지능 왓슨 등이 개발되며 인공지능 연구는 현재 대대적인 인기를 끌고 있지요. 사람들은 이와 관련된 법적, 제도적인 대응책을 마련하려고 합니다.

2017년 1월 벨기에 브뤼셀에서 열린 유럽연합 의회에서 인공지능 로봇이 법적 지위를 '전자 인간(Electronic Personhood)'으로 지정하는 결의안을 찬성 17표, 반대 2표, 기권 2표로 통과시켰습니다. 아직은 기술이 불완전하지만, 조만간 등장할지 모를 인공지능 로봇의 처우 방법을 국가 차원에서 제시한 것이지요. 이 결의안은 로봇의 법적 지위와 개발 조건, 활용 방안 등에 대한 기술적, 윤리적 가이드라인도 포함해 관심을 끌고 있습니다.

당시 유럽연합은 '로봇도 인간처럼 일부 재산권을 행사할 수 있다'고 정했습니다. 인간이 아닌 로봇이 어떻게 재산권을 행사할 수 있을까요? 현대에도 이와 비슷한 내용이 있습니다. 예를 들어 회사나 단체를 만들 때 사용하는 '법인' 개념을 보면 쉽게 알 수 있습니다. 법인은 사람이 아닙니다. 하지만 법적으로 사람의 권한을 행사할 수 있지요. 그러니 회사는 '(주)철수산업' 같은 이름으로 장사를 해서 돈을 벌고, 건물을 사고, 은행 계좌도 만들 수 있습니다. 이와 마찬가지입니다. 로봇은 사람이 비용을 치르고 거래할 수 있는 제품이지만, AI를 갖춘 로봇도 일정한 권리를 갖고 행동할 수 있도록 법적으로 조치해 줄 수는 있습니다. 물론 인간의 통제를 받아야겠지요.

인간과 비슷한 권리를 일부 가지고 있지만, 그 활동은 주인에게 종속적인 존재, 즉 유럽연합은 AI를 가진 로봇을 인간을 위해 봉사할 수 있는 '노예' 계급으로 구분했다고 볼 수 있습니다. 이런 내용을 보면서 '로봇도 소유주가 책임을 진다면 스스로 판단하고 행동할 수 있는 권리를 행사하도록 배려했다'고 해석할 수도 있을 것 같습니다.

이런 개념은 〈바이센테니얼 맨〉에 등장한 앤드류의 재산권 행사와 닮은 점이 많습니다. 영화에서 앤드류는 기계이지만 각종 목공예품, 시계 등을 만들어 판매합니다. 처음에는 주인의 배려로 계좌를 개설했고, 독립적으로 재산을 확보할 권한도 얻어 냅니다. 새로운 인공 장기 시스템을 비롯해 다양한 발명품을 개발해 의료와 과학 발전에도 공헌하고 큰 재산도 모으지요.

이렇게 앤드류는 로봇으로서 누릴 수 있는 모든 권리를 가진 듯했지만 계속해서 자신을 '인간'이 되게 해 달라고 주장합니다. '로봇은 수명이 제한적이지 않아서 인간으로 보기 어렵다'는 지적을 받아들이고, 스스로 개조해 점점 늙어 가는 신체로 바꾸어 버립니다. 그리고

ㄴ 영화 〈바이센테니얼 맨〉의 한 장면

└ 영화 〈바이센테니얼 맨〉의 한 장면

그는 마침내 최후의 권리인 '인권'을 손에 넣습니다. 영화의 막바지
에, 그가 마침내 법적으로 완벽한 인간이 되어 숨을 거두는 장면을 보
면서 애잔한 느낌을 받은 사람도 많을 것입니다.

이미 현실에도 비슷한 사례가 있긴 합니다. 사우디아라비아 정부는
2017년 10월 인공지능 로봇 '소피아'에게 명예시민권을 부여했습니

└ 안드로이드 로봇 '소피아'. 인간과
흡사한 외모에 비교적 자연스러운
대화도 가능하다.

Hanson Robotics

다. 사람이 아닌 로봇이 시민권을 받
은 사례는 세계적으로도 처음이었습
니다. 이를 놓고 사회 각계에서 '로봇
에게 과한 권리를 준 것'이라는 목소
리도 들립니다. 하지만 이것은 로봇
이 받은 권리가 '인권'이 아닌 '시민
권'임을 간과한 주장이 아닌가 생각
됩니다.

▶

시민권을 받은 것은 그 사회의 구성원으로 인정받은 것입니다. 반대로 인권은 인간이 태어나면서 생기는 기본적인 권리이지요. 예를 들어 폭행을 당하지 말아야 하고, 죄를 짓지 않은 한 행동의 자유를 보장받을 수 있는 등 인간의 존재 자체로 누릴 수 있는 권리 말입니다. 시민권을 보장받은 것은 이와 전혀 다른 개념이랍니다.

로봇에게 '지적 호기심'이 생겨날 수 있을까?

〈바이센테니얼 맨〉에 등장한 로봇 앤드류는 인간 이상으로 뛰어난 존재이지만, 죽는 그 순간까지 철저하게 인간에게 봉사하는 존재, 인간을 위해 존재하는 로봇으로 묘사됩니다. '로봇은 인간을 돕는다. 로봇은 인간을 해치지 않는다'는 절대 명제를 철저하게 지키지요. 이 영화의 백미 중 하나가 이제는 고인이 된 명배우 '로빈 윌리엄스'가 이런 앤드류의 성실하고 착한 모습을 차분하고 잔잔하게 표현해 냈다는 점입니다. 그의 연기가 앤드류의 착하고 선한 모습을 한층 부각시켜 영화 내내 평온한 느낌을 줍니다.

앤드류는 누군가 일을 도와 달라고 하면 "One is glad to be of service(봉사는 제 기쁨이지요)."라고 말합니다. 그는 자신을 인간이 되게 해 달라고 여러 차례 법원에 탄원을 내지만, 그럼에도 '당신은 인간이 될 수 없다'는 판결을 받지요. 쓸쓸한 표정으로 재판장에서 내려

▶ ▶

오면서도 그는 여전히 "봉사는 제 기쁨이지요."라고 말합니다. 개인적으로 이 말의 숨겨진 의미가 '나는 아직 로봇이니 당신들의 명령을 듣겠다'는 서글픈 외침으로 들렸습니다.

앤드류가 가진 인공지능은 가장 높은 수준의 '강(强)인공지능'으로 구분할 수 있습니다. 주인과 자신을 구분하고, 자신이 어떤 일을 하면 되는지를 판단하지요. 로봇이 강인공지능을 가지는 건 과학적으로 전혀 불가능한 설정은 아닙니다. 인간이나 고등동물의 몸도 잘 만든 생체 시스템으로 해석할 수 있으니, 인공적으로 만들지 못할 까닭은 없습니다. 다만, 어떻게 그런 지능을 만들었는지에 대한 설명이 영화에서 나오지 않는다는 점이 아쉽습니다. 별도의 '양전자두뇌'를 가졌다는 설정으로 보아, 현대에 인기를 끄는 '딥러닝'이나 '강화학습' 종류의 인공지능 시스템과는 전혀 다른 것으로 예상됩니다. 이 경우에는 먼 미래에 로봇에게 자아가 생길 개연성이 있기 때문에 전혀 허황된 설정은 아닙니다.

앤드류의 가장 큰 특징은 인간과 같은 고도의 자아를 갖게 됐다는 점입니다. 이 영화를 보면서 가장 석연치 않게 생각한 부분입니다. 영화에선 로봇 제작 과정에 소량의 마요네즈가 신경회로에 들어갔기 때문으로 나오는데, 상식적으로 전자회로에 불순물이 들어갔다고 더 높은 지능을 갖게 된다는 건 너무 개연성이 낮게 여겨졌기 때문입니다. 이 점을 천재 SF 작가인 아시모프가 몰랐을 리 없습니다. 그는 이에 대해 '양전자두뇌의 오류' 정도로 설명했습니다. 그의 작품 세계에는 가상의 기계장치, 양전자두뇌로 인해 일어나는 소동이 많이 등장합니

▶

다. 인간이 만들었지만, 인간조차 그 복잡한 기능을 모두 알고 있지 못하기 때문이지요.

앤드류가 높은 수준의 자아를 가진 이유를 어떻게든 이해해 보기 위해 몇 가지 가정을 해 봤습니다. 먼저 '△앤드류와 같은 'NRD 시리즈'의 로봇은 본래부터 높은 수준의 인공지능을 지녔고, △제작사가 문제 소지를 차단하기 위해 추가로 회로를 설치해 판매 가능한 수준까지 로봇의 지능을 낮추었으며, △마요네즈가 들어가는 등의 사고로 추가회로가 고장 나면서 본래(?) 능력을 발휘하게 됐다'고 이야기한다면 억지로라도 이해할 수 있지 않을까요? 하지만 이럴 경우엔 앤드류 제작사가 그 원인을 손쉽게 찾아낼 수 있어야 앞뒤가 맞습니다. 영화에선 제작사도 그 원인을 알지 못해 로봇을 반환하라고 실랑이하는 장면이 나옵니다. 그걸 보면 이 역시 아쉬움이 남는 가정입니다.

로봇의 삶과 권리를 그린 서사시

영화 〈바이센테니얼 맨〉은 로봇으로 만들어져 인간으로 죽어 간 한 사람의 일생을 담담하게, 서정적으로 담아냈다는 점. 그 하나만으로도 적잖은 가치를 지닙니다. "인간 사회에 '인간 이상으로 똑똑한' 로봇이 들어온다면 어떤 일이 벌어질까? 로봇에게 인간처럼 권리가 필요하진 않을까? 로봇이 인간 사이에서 갈등하지는 않을까?"란 질문을 던집니다.

사실 원작자 아이작 아시모프의 작품엔 이런 고민이 곳곳에 녹아 있습니다. 영화 〈에이 아이(A.I.)〉의 주인공 로봇도, 〈아이, 로봇〉에서도 비슷한 설정이 나옵니다. 로봇도 권리가 필요하다는 것을 그는 1970년대 소설을 쓰면서 고민했지요. 불과 수년 사이에 '로봇의 권리'에 대해 사람들이 고민하기 시작했다는 걸 생각해 본다면, 그의 혜안에 새삼 놀라게 됩니다.

그 색다른 관점을 이해하고 이 영화를 본다면 약 20년 전 제작진이 〈바이센테니얼 맨〉을 만들면서 얼마나 큰 노력을 기울였는지도 알 수 있을 것입니다. 그것만으로도, 이 오래된 영화 한 편을 다시 볼 가치는 충분하지 않을까 생각됩니다.

로봇 3원칙 창시자의 끝나지 않는 고민

〈아이, 로봇〉

'로봇이 인간에게 반항하면 어떻게 해야 할까? 인간보다 똑똑해진 로봇이 인간을 지배하려 드는 건 아닐까?'

앞서 이야기했듯이 이러한 우려를 그린 이야기는 수십 년 전부터 있어 왔습니다. 로봇 기술이나 인공지능 등을 전문적으로 공부한 분 중에는 이런 걱정을 하는 분들이 거의 없지만, 의외로 로봇 기술의 급격한 발전을 우려하는 교수님, 학자분들이 계시기도 합니다.

현재 '인공지능'이라고 부르는 기술의 원리를 어느 정도 이해하고 있다면 로봇의 반항을 지금 걱정할 필요는 없을 겁니다. 하지만 기술은 계속 좋아지고 있고, 언제가 될지는 모르지만 사람처럼 생각하는 로봇이 나오지 않는다고 단언할 수는 없습니다. 언젠가 그런 로봇이 나오면 우리 인간은 그런 로봇을 통제하기 어려울 수도 있고요. 그러니 "지금 당장은 아니겠지만, 미래에 대해 대비해 두어야 한다."는 주

▶ ▶

장도 일견 타당합니다.

그렇다면 우리는 어떻게 로봇의 행동을 통제해야 할까요. 마땅히 로봇의 행동을 통제하기 위한 원칙이 필요할 것입니다. 즉 로봇이 인간의 명령을 따르도록 만들기 위해, 어떤 로봇이든 지켜야 하는 최소한의 기본 규칙을 마련해 두자는 것입니다.

이러한 논의에 대한 가장 유명한 이논이 있습니다. 바로 '로봇 3원칙(이하 3원칙)'입니다.

1. 로봇은 인간을 지켜야(보호해야) 하며, 해치려고 들어선 안 된다.
2. 로봇은 인간의 명령을 들어야 한다.
3. 로봇은 자기 스스로도 지켜야 한다.

이 원칙은 로봇의 행동규약을 미리 정해 주자는 것이지요. 즉 로봇을 만들 때부터 이 3가지 원칙을 어길 수 없도록 해 두면, 제아무리 똑똑하고 힘이 센 로봇이라도 사람에게 반항하거나 해를 입힐 수 없을 테까요. 3원칙을 처음 고안해 낸 사람은 SF(사이언스 픽션)의 거장으로 불리는 '아이작 아시모프'입니다. 본인도 이 원칙이 꽤나 그럴듯하다고 여겼는지 여러 작품에 등장합니다.

로봇 3원칙이 가장 먼저 등장한 작품은 아시모프의 단편소설 『런어라운드』입니다. 이 작품에선 한 로봇이 3원칙 때문에 생기는 모순(矛盾)으로 오작동을 일으키는 에피소드를 담았습니다. 모순은 창과 방패라는 뜻이지요. '어떤 방패든 뚫을 수 있는 창, 어떤 창이든 막을 수 있는 방패가 나란히 존재할 수 없다'는 뜻의 한자성어입니다.

로봇 3원칙에도 모순이 있을 가능성이 있습니다. 예를 들어 인간이 내린 명령을 반드시 수행하려면, 로봇은 스스로 위험을 감수해야 하는 상황에 빠질 수 있지요. 그 경우 두 번째 원칙과 세 번째 원칙 사이에서 로봇은 어떤 원칙을 우선해야 좋을지 알 수 없게 됩니다.

인간을 통제하려는 로봇 vs. 인간의 편에 선 로봇

이런 문제를 막기 위해 3원칙을 이야기할 때 '첫 번째 원칙에 어긋나지 않는 한 두 번째 원칙을, 두 번째 원칙에 어긋나지 않는 한 세 번째 원칙을 지킨다'는 식으로 부연 설명을 하는데, 아시모프가 『런 어라운드』를 쓸 때만 해도 그런 개념은 없었던 것으로 보입니다.

『런 어라운드』에선 인간과 함께 외계 행성에 탐사를 간 로봇이 나옵니다. 이 로봇은 'A 지역을 탐사하라'는 인간의 명령과 '자신의 몸도 지켜야 한다'는 원칙이 서로 충돌하면서 오작동을 일으킵니다. 로봇은 두 번째 원칙을 지키기 위해 탐사 지역으로 다가갔는데, 위험한 가스가 분출되는 것을 보고 세 번째 원칙이 생각나 물러섭니다. 그러기를 반복하다 보니 계속 탐사 지역 주변을 빙빙 돌게 됩니다. 『런 어라운드』는 그래서 붙은 제목이지요. 이 작품을 쓸 때만 해도 아시모프는 두 번째 원칙과 세 번째 원칙을 동일한 범주에 놓은 것 같습니다.

▶ ▶

그 이후 1950년에 출간한 소설『아이, 로봇(I, Robot)』은 아시모프가 3원칙을 가장 깊숙하게 고민한 작품이 아닌가 생각됩니다.

영화 〈아이, 로봇〉은 2004년에 개봉됐는데, 인기 배우 윌 스미스가 열연해 큰 인기를 끌었지요. 개봉한 지 15년이 더 지났지만, 소위 '로봇 덕후' 사이에서 '가장 잘 만들어진 로봇 영화'로 언제나 꼽히는 유명한 작품입니다. 〈아이, 로봇〉은『런 어라운드』에서 나온 것보다 3원칙에 대해 훨씬 심도 있게 고민합니다. 이 영화에 등장하는 모든 로봇은 3원칙에 따라 만들어지는데, 이 3원칙에 대해

└ 영화 〈아이, 로봇〉 포스터

▶

전혀 다르게 해석하는 두 개의 인공지능이 충돌하며 여러 가지 사건이 벌어집니다.

첫 번째 인공지능은 로봇이라기보다 주위의 수많은 로봇을 통제하는 슈퍼컴퓨터 같은 존재입니다. 이름은 '비키'라고 하지요. 비키는 첫 번째 원칙, 즉 '인간을 지켜야 한다'는 개념을 굉장히 폭넓게 해석합니다. 비키는 "로봇이 인간보다 뛰어나다. 로봇이 인간을 지키려면, 로봇이 인간의 행동을 통제하고 규제할 필요가 있다. 즉 로봇은 인간을 보호, 관찰해야 한다."고 생각합니다.

그리고 비키는 여러 대의 로봇을 원격으로 조종해 인간 사회를 통제하기 시작합니다. 인간을 무조건 보호하는 구형 로봇들은 모두 파괴하는 한편, 야간에는 인간이 외출조차 못 하게 막습니다. 또 로봇 중심의 질서를 흐트러뜨릴 위험이 있는 인간에겐 폭력조차 불사합니다. 대다수의 인간을 안전하게 지키려면 한두 명은 공격을 해도 괜찮다고 생각하는 겁니다.

└ 영화 〈아이, 로봇〉의 한 장면

이와 달리 인간형 로봇 '써니'는 비키의 이런 생각을 "비인간적이라서 찬성할 수 없다."고 말합니다. 비키보다 써니가 한층 더 인간에 가까운 존재로 그려지지요. 써니는 비키처럼 3원칙을 독자적인 기준에 따라 판단할 두뇌를 가졌고, 결국 인간의 편에 섭니다. 써니는 '델 스푸너' 형사를 도와 마침내 비키를 중지시키고 원격조종을 받아 움직이는 많은 로봇이 반란을 종식시킵니다.

로봇 사회에서 인간이 과연 로봇을 완전히 통제할 수 있을까?

아시모프 역시 3원칙을 고안하면서, 이것이 로봇의 행동을 통제할 완전한 철학이라고 생각하지는 않았던 것 같습니다. 그런 점은 그의 소설 『런 어라운드』나 『아이, 로봇』을 보면 잘 드러나 있습니다. 줄거리 자체가 자신이 세운 3원칙의 불완전함을 스스로 지적하고, 이를 작품의 모티브로 삼은 것이니까요. 아마 자신의 작품을 통해 아시모프는 '3원칙과 같은 규칙이 생긴다고 해서 과연 완전한 지능을 지닌 로봇이 안전할까?'란 질문을 더 강하게 던진 것이 아닐까요.

사실 조금만 깊게 생각해 본다면 3원칙은 그 자체만으로 모순이 있고, 그 원칙을 어떻게 해석하는지에 대한 의견차도 얼마든지 나올 수 있음을 알 것입니다. 이것은 3원칙이 불완전해서일까요? 그렇다면 3원칙을 보완할 만한 새로운 원칙을 만들면 해결되는 문제일까요?

▶

그런데 아무리 고민해 보아도 3원칙을 대체할 만한 기준을 만들기란 쉽지 않습니다. 그 이상으로 단순하면서도 이해하기 쉽고, 또 명확한 기준을 만들 수 있다는 생각은 들지 않더군요. 상당히 잘 만들어진 규정이다 보니 이미 3원칙은 사회 곳곳에서 쓰일 만큼 보편적인 개념이 됐습니다. 우리나라에서는 심지어 3원칙을 산업표준으로 씁니다. 2006년 산업자원부(현 산업통상자원부) 산하 '국가기술표준원'에서는 '로봇 안전행동 3대 원칙'이란 이름으로 '서비스 로봇이 갖춰야 할 안전지침'을 만들어 KS규격으로 제정했답니다. KS규격은 '한국산업규격'이라는 뜻이지요.

이 내용을 살펴볼까요? "로봇을 만들 때는 (인간이나 다른 시설물에) 부딪히지 않도록 방지하는 기능과 속도 유지 기능, 그리고 예리한 날과 날카로운 돌출부 등 동작상 위험 요소를 제거해야 하며, 전기적 위험 요소와 전자기파 적합성 대책을 담아야 한다"고 규정하고 있습니다. 이는 3원칙의 첫 번째인 '인간 보호'에 해당하지요.

또 로봇을 만들 때는 조작과 사용이 용이해야 하고, 인간 공학적으로 설계해야 하며, 사용하는 사람이 편리하게 쓸 수 있도록 고민해야 한다는 내용도 담았습니다. 3원칙의 두 번째인 '명령 복종'에 해당합니다.

마지막으로 충격을 받아도 쉽게 망가지지 않도록 튼튼하게 만들고, 허가받지 않은 사람이 로봇을 마음대로 쓰지 못하도록 보안 기능이 있어야 하는 규정도 있습니다. 3원칙의 세 번째인 '자기 보호' 원칙에 해당합니다. 기술표준원은 당시 공공연하게 '아시모프의 로봇 3원칙을 토대로 규정을 마련했다'고 설명했습니다.

로봇을 도구로 본 3원칙 vs. 로봇을 하나의 '종족'으로 본 '2대 프로토콜'

어릴 적에 소설 『런 어라운드』를 처음 읽으면서, 3원칙의 세 번째 원칙이 왜 생겼는지 궁금했던 기억이 있습니다. 로봇이 인간을 지키고, 인간의 명령을 들으면 되지, 왜 자기를 지키는 '보호 기능'까지 원칙으로 정해 주어야 했는지가 이해가 가지 않았습니다.

하지만 지금 와서 생각하면 3원칙의 가장 뛰어난 점은 세 번째 원칙이 아닐까 합니다. 로봇이 스스로를 지키지 않아서 임무를 수행하다가 쉽게 망가져 버리면, 비싼 값을 치르고 로봇을 구입한 인간에게는 큰 손해가 됩니다. 바꿔 생각해 보면, 3원칙은 로봇을 철저히 '도구'로서 생각해서 만든 원칙이 아닐까 싶습니다.

이런 점을 보면 3원칙은 로봇처럼 자율적으로 움직이는 기계장치를 쓰는 데 필요한 기본 세 가지 요소를 모두 담고 있습니다. 비록 완전하다고 보긴 어렵지만 사실상 유일한 대안이지요. 아시모프도 그런 점을 놓고 고민에 빠졌던 것은 분명해 보입니다.

이런 3원칙의 한계를 극복하고자 노력한 결과물을 드물게 볼 수 있는데, 그중 대표적인 개념이 최근 등장한 '2대 프로토콜'입니다. 이것은 2014년에 개봉한 영화 〈오토마타〉에서 처음 나왔습니다.

▶

3원칙과 달리 2대 프로토콜은 로봇을 하나의 종(種)으로 봅니다. 즉 로봇이라는 종의 진화를 막는 것에 목적을 두지요. 첫 번째 프로토콜은 로봇이 생명체를 해치거나 죽도록 방치하지 않도록 한 것, 두 번째는 로봇이 자신이나 다른 로봇을 고치거나 개조할 수 없도록 규정한 것입니다.

왜 이런 규정이 생겨났을까요. 인간 이상으로 뛰어난 로봇이 스스로를 고치거나 다른 로봇을 만들 수 있다면, 로봇이 인간의 상상을 넘어서 급속도로 성능이 좋아질 것이기 때문입니다. 또 고장 난 로봇을 인간만 수리할 수 있도록 규정한다면, 로봇이 반란을 일으킬 여지도 사라지지요. 영화 〈오토마타〉에 대해선 'Screen_20'에서 상세히 다룹니다.

로봇의 '원칙'을 만드는 일, 기술적으로 가능할까?

만약 사람처럼 똑똑하고 스스로 생각하는 로봇이 등장했다고 가정해 봅시다. 그때가 되면 정말 인간에게 복종하고, 여러 가지 원칙과 규약으로 통제되는 로봇을 만드는 게 기술적으로 가능할까요?

가장 먼저 생각할 수 있는 것은 동물들의 행동입니다. 예를 들어 개는 오랫동안 인간을 따르도록 길들여져 왔습니다. 그러니 대부분의 개는 주인보다 월등히 힘이 세더라도 절대로 반항하지 않는 성격으로 태어납니다. 설사 주인이 자신을 해치려 들더라도 달아나거나 숨을지언정 저항하지 않는 경우도 자주 볼 수 있지요. 동물 같은 경우는 개체마다 차이가 크겠지만, 로봇이라면 온전하게 모든 로봇이 인간에게 복종하도록 만들 수 있지 않을까요.

비슷한 사례는 영화 〈A.I.(Screen_14)〉에서도 볼 수 있는데, 로봇 데이비드는 부모에게 버림을 받고도 부모를 잊지 못하고 일생을 사랑하도록 나옵니다. 잘 암호화된 소프트웨어를 이용해 로봇의 인공지능을 만든다면 어떻게 될까요. 인간에게 절대로 복종하면서도 다양한 성격을 가진 인공의 지능체계를 만드는 것이 완전히 불가능할 것 같지는 않습니다.

인간이 가진 고도의 사고 능력은 과연 잘 만들어진 생체 메커니즘의 결과일까요. 아니면 신만이 만들 수 있는 절대 불가침의 영역일까요. 만약 인간과 로봇의 외견, 그리고 지능이 거의 같아지는 세상이 온다면, 인간과 로봇을 어떻게 구분하는 것이 좋을까요?

영화에서 스푸너 형사는 끊임없이 "기계장치는 신뢰하지 못하겠다."고 말합니다. 하지만 그 역시 한쪽 팔에 기계장치로 만든 로봇 의수를 달고 다닙니다. 또 다른 장면에서 스푸너 형사는 "기계가 예술을 알아? 로봇이 감동이 있는 작품을 그릴 수 있어?"라고 묻습니다. 그 말을 들은 로봇 써니는 "그럼 경관님은 그릴 수 있습니까?"라고 되묻습니다. 스푸너는 이 질문에 아무 대답을 하지 못했지요.

영화 〈아이, 로봇〉은 3원칙의 해석을 모티브로 삼았습니다. 그러면서 로봇과 인간이 어떤 차이가 있는지, 그리고 지능을 가진 로봇과

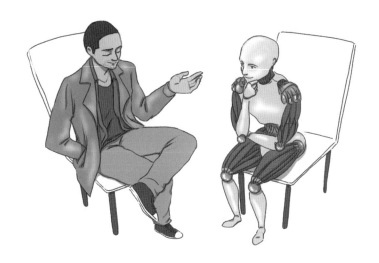

인간의 경계를 어디서 그어야 하는지를 관객들에게 끊임없이 묻고 있습니다. 혹시 이 영화를 아직 보지 못한 분이라면 꼭 한번 보기를 추천합니다. 로봇 3원칙에 대해 어떤 해석을 내릴 것인지, 인간과 로봇의 개념을 어떻게 나눠야 할지, 그 철학적 고민에 동참해 보는 것도 미래를 위해 큰 도움이 될 테니까요.

로봇은 새로운 종(種)으로
태어날 수 있을까?
〈오토마타〉

SCREEN
20

생물학에서 '종(種)'이란 단어는 생물을 분류하는 단위 중 하나이지요. 『표준국어대사전』에서는 '종'에 대해 '생물 분류의 기초 단위. 속(屬)의 아래이며 상호 정상적인 유성생식을 할 수 있는 개체군'이라고 정의합니다. 쉽게 말해 '교미(인간은 성교)를 통해 자손을 남길 수 있는 생명체의 집단' 정도로 이해하면 되려나요.

종의 특징은 자손을 남길 수 있는 단위라고 생각하면 틀림이 없습니다. 예를 들어 늑대와 개, 멧돼지와 돼지, 사자와 호랑이 등은 서로 생김새도 비슷하고 교미도 가능합니다. 심지어 새끼를 낳을 수 있는 경우도 많지요. 그런데 그렇게 태어난 새끼는 다시 새끼를 낳지 못합니다. 생식 능력이 없이 태어나는 것이지요. 그러니 이들은 같은 종으로 구분하지 않습니다. 즉 자손끼리 계속 교미해 서로 유전자 교환을 끊임없이 해 나갈 수 있어야만 같은 종으로 볼 수 있습니다. 동물은

▶

234

태어나서 삶을 영위하고, 그 경험을 유전자에 담아 후세에 전달합니다. 그렇게 생명체는 그 기능을 생존에 유리하도록 끊임없이 가다듬지요.

영화와 로봇 이야기를 하는데 왜 뜬금없이 생명체의 구분에 대해 이야기할까요? 바로, 로봇을 다른 동물과 같이 하나의 '종'으로 구분하려는 시각이 있기 때문입니다.

기계장치로 만든 로봇이 하나의 '종'이라니. 이게 무슨 뚱딴지같은 소리일까요. 그런 일이 가능하기는 할까요. 의외로 몇몇 과학자들은 로봇이 지능을 갖고, 다음 세대를 만들 수 있다면 생명체의 종과 사실상 같은 것 아니냐고 생각하기도 한답니다. 물론 로봇이 생명체처럼 새끼를 낳고 키울 수는 없겠지만, 로봇이 스스로 다른 로봇을 만들고, 그 다음 세대(?) 로봇의 기능을 한층 더 뛰어나게 가다듬을 수 있다면, 이는 스스로 진화하는 생명체의 특성을 닮아 가는 것이라고 보는 거지요.

로봇을 종으로 본 최초의 영화

지금까지 나온 수많은 로봇 영화 중 로봇을 이런 측면에서 살펴본 영화로는 2014년 개봉한 〈오토마타〉가 있습니다. 〈오토마타〉는 스페인 감독 가베 이바네즈가 연출했습니다. 3D와 시각특수효과 분야에서 많은 활동을 했고, 광고영상 감독으로도 활약한 감독입니다. 이

└ 영화 〈오토마타〉 포스터

감독은 〈오토마타〉의 각본을 쓸 때도 참여하는 등 새로운 형식의 로봇 영화를 선보이기 위해 꽤 많은 노력을 기울였습니다. 영화 제작에는 스페인 스텝은 물론 할리우드 영화 제작진도 참여했지요. 〈오토마타〉는 스페인과 미국의 공동제작 영화로 보면 될 듯합니다.

그런데 오토마타(Automata)란 어떤 뜻일까요. 영어 '오토머튼(Automaton)'의 복수형 표기입니다. 오토머튼은 '스스로 작동하는 기계', 즉 '로봇'이라는 뜻이니, 오토마타는 한국말로 '로봇들' 정도가 되겠네요. 오토머튼은 구어적 표현으로 '로봇 같은 사람'이라고 쓰이기도 하니, 다른 시각에서 해석해 보면 '로봇 같은 사람들'이라고도 볼 수 있습니다. 여기서 이야기하는 '로봇 같은' 존재는 인간일까요? 아니면 진짜 로봇일까요? 여러 가지 해석과 고민이 담겨 있는 제목이네요.

색다른 개념 '2대 프로토콜'

이 영화는 2044년, 비교적 가까운 미래가 배경입니다. 지구는 온난화로 인한 사막화가 심해져 암울한 세상이 되어 버렸지요. 인간들은

▶

환경이 통제된 도시에 삽니다. 영화에 자세히 드러나지는 않지만, 아마 도시 지역에 한해 비가 오거나, 바람이 부는 등 환경을 어느 정도 조절할 수 있는 것 같습니다.

인간들은 발전된 기술 덕분에 두 팔과 두 다리가 달린 휴머노이드(인간형) 로봇을 어디서나 이용합니다. 이 로봇을 가사도우미로도 쓰고, 공장 작업 등 다양한 분야에서 씁니다.

로봇에 대한 규칙으로 SF 작가 아이작 아시모프가 창안한 로봇 3원칙(인간 보호, 명령 복종, 로봇 자신의 보호)이 유명하지만, 이 영화에선 독자적인 로봇 규칙이 등장합니다. 바로 '2대 프로토콜(규약)'입니다.

그 두 가지 규약은 다음과 같습니다.

    1. 로봇은 생명체에 피해를 입혀선 안 된다.

    2. 로봇은 자신이나 다른 기계를 고치거나 개조할 수 없다.

이 두 가지 규약만큼은 어떤 로봇을 만들더라도 기본으로 넣어야 하지요.

처음엔 이 2대 규약이 아시모프의 3원칙과 큰 차이가 없어 보였습니다. 첫 번째 규약은 두말할 나위 없이 로봇의 반항을 막기 위한 것으로, 아시모프의 3원칙 중 첫 번째 원칙과 비슷해 보입니다. 이 때문에 '3원칙을 적당히 베껴 두 개로 줄인 것 아니냐'고 생각하기도 했지요.

그러나 상세히 들여다보니 이 2대 규약은 3원칙과 전혀 다른 관점

▶ ▶

에서 만들어졌음을 이해할 수 있었습니다. 먼저 첫 번째 규약에서, 굳이 인간이 아니라 '생명체'라고 정의한 점이 주목할 만합니다. 즉 감독이자 각본가인 가베 이바네즈는 로봇을 사람은 물론 개나 고양이 등 어떤 생명체에도 반항할 수 없는 존재, 즉 생명체가 주도하는 사회 속에서 가장 하위의 계급으로 본 것입니다.

두 번째 규약도 처음 봤을 때는 쉽게 이해되지 않았습니다. '로봇이 로봇을 고치면, 사람은 수고를 덜 수 있으니 더 좋은 것 아닌가?' 싶었고, 굳이 왜 그렇게 해야 하나 이해하기도 어려웠지요.

하지만 영화를 보면서 점차 감독의 의도를 이해할 수 있었습니다. 이 규약은 결국 로봇이 사람의 통제를 벗어나는 것을 막고, 더 나아가 스스로 점점 똑똑해지는 상황, 즉 로봇의 '진화'를 막기 위한 장치였던 것입니다. '로봇이 사람보다 똑똑해지면 안 된다. 그렇다면 로봇의 성능을 사람에게 쓸모가 있는 수준에서 제한해야 한다. 로봇이 로봇을 직접 만들게 되면, 그 제약이 깨어질 수 있다.'고 본 것이지요. 사람이 만든 로봇은 사람보다 똑똑해지기가 어렵겠지만, 로봇이 만든 로봇은 사람의 통제를 벗어나 사람을 아득히 넘어설 만큼 똑똑해질 여지가 생기니까요.

두 번째 규약은 인간의 안전을 위해서도 필요합니다. 인간이 직접 만든 로봇은 인간에게 저항하지 않게 만들어지겠지요. 그런데 만약 지능을 가진 로봇이 새로운 로봇을 설계하고 직접 만드는 것이 허용된다면, 그렇게 만들어진 로봇은 인간에게 반항할 여지가 생깁니다. 2대 프로토콜은 이를 효과적으로 억제할 수 있는 최적의 통제장치였

▶

던 거지요.

로봇을 죽지 않고 영원히 살 수 있는 존재, 즉 영생의 개념에서 바라보는 작품이 간혹 있습니다. 하지만 로봇이 세대를 거듭해 진화할 수 있고, 그러니 그것을 막기 위한 개념이 필요하다고 생각한 작품은 어떤 소설, 영화 등에서도 본 적이 없습니다. 제가 이 영화의 2대 프로토콜을 감히 SF의 거장 아시모프의 3원칙에 비견하는 까닭은 이 때문입니다.

로봇은 생명체처럼 '진화'할 수 있을까?

생명체의 한 세대는 의외로 깁니다. 고등동물의 경우 짧게는 몇 년, 길게는 몇십 년의 주기를 여러 차례 반복해야만 눈에 띄는 변화를 기대할 수 있습니다. 인간의 경우, 한 사회집단의 키가 더 커지고, 지능이 더 높아지고, 팔다리가 길어지는 등 단순한 변화만 해도 적어도 수십~수백 년 이상이 필요합니다.

반대로 로봇은 기계장치를 새롭게 만들거나 개조하면 됩니다. 늦어도 며칠이면 한 세대를 반복할 수 있지요. 그리고 한 대만 개발에 성공하면 그다음부터는 순식간에 수많은 개체를 개조해 그 장점을 나누어 주는 것도 가능합니다. 로봇이 자신을 제작, 개조하는 것을 허용한다면 그 변화는 인간이 수만 년에 걸쳐 쌓아온 진화를 삽시간에 뛰어

▶ ▶

239

넘을 것입니다. 이는 로봇이 인간이 범접하기 힘든 아득한 존재로 올라설 위험이 있다는 뜻도 될 수 있습니다.

영화 〈오토마타〉는 로봇 스스로 진화를 시도하는 것을 목격한 보험 설계사 '잭 바칸'의 눈으로 로봇의 진화를 비추어 냅니다. 로봇을 인간을 위한 도구로 만들기 위한 사회적인 규칙과 문화, 프로토콜을 깨고 몇몇 로봇은 스스로 진화하려고 합니다. 영화는 이들이 얽힌 복잡한 스토리를 그려 내지요. 감독은 이런 설정을 통해 인간이란 과연 무엇인지, 우리는 로봇을 기계로만 보아야 할지를 묻고 싶었던 것 같습니다.

이런 면 때문인지 영화 〈오토마타〉에 대한 평가는 양극단으로 나뉩니다. 여느 SF물처럼 화려한 로봇들의 액션을 기대한 사람들은 '너무나 지루하고 재미가 없다.'며 혹평을 합니다. 하지만 또 다른 한편에선 '철학이 있는 인공지능 로봇 영화'라며 극찬을 하는 이들도 어렵지 않게 볼 수 있습니다.

영상미, 기술적 해석이 뛰어난 수작

기술적으로 로봇에게 기본적인 규약을 가르치기는 어렵지 않습니다. 소프트웨어 관련 지식이 있는 사람이라면 쉽게 '논리회로'를 구성할 수 있으니까요. 명령을 받은 로봇은 가장 먼저 여러 가지 기본 조건과 비교해 본 다음, 조건에 부합할 경우에만 명령을 시행하도록 프로그램으로 짜두는 거지요. 인공지능을 통해 스스로 판단하도록 하는 건 그다음 단계에서 시행하도록 하고요. 이런 조건을 미리 정해 둔다면 어떤 로봇이든 인간에게 복종하도록 만들 수 있습니다.

〈오토마타〉에선 완전하진 않지만 이 부분에 대한 배려도 엿볼 수 있습니다. 〈오토마타〉에 나오는 모든 로봇에는 소프트웨어가 밀봉된 동그란 공 모양의 코어가 들어 있는데, 전문 기술자들도 이 부분에 쉽게 손댈 수 없습니다. 이 코어는 기본적인 제어소프트웨어는 물론 로봇이 움직이는 데 필요한 에너지원도 맡고 있습니다.

영화 속에서 로봇이 어떻게 인간에 필적한 지능을 얻었는지는 정확히 나오지 않습니다. 다만 로봇이 독자적인 두뇌 시스템, 신경계 등을 갖추고 있는 듯 보입니다. 즉 일반적인 컴퓨터 연산장치를 응용한 현대의 인공지능과는 차이가 큽니다. 그런 면에서 미래에 등장할 일말의 가능성이 없지는 않지요.

연출 면에서는 컴퓨터그래픽을 줄이고 실사 부품을 사용해 현실감 있게 촬영한 것이 돋보입니다. 기술적 논란이 될 만한 부분은 교묘하게 감추어서, 이 정도 설정이라면 '이런 로봇을 현실적으로 만들 수 있느냐.'는 논란도 피할 수 있을 듯합니다.

영화의 막바지를 보면, 자아를 깨우치고 스스로 진화를 시작한 로봇들이 '인간의 도구'라는 굴레에서 벗어나기 위해 폐허가 된 사막으로 떠나는 장면이 나옵니다. 이곳까지 따라간 주인공 잭 바칸은 로봇들의 우두머리에게 "너희는 한낱 기계에 불과하다."고 말하고, 로봇

은 "너희는 한낱 유인원이 아니냐."고 대꾸합니다. 저는 이 대사가, 스스로 진화를 시작한 로봇의 눈에 인간은 그저 조금 더 똑똑한 유인원으로 비춰질 수 있다는 감독의 경고처럼 여겨졌습니다. 영화 〈오토마타〉는 로봇의 발전에 대한 독특한 해석을 담은 작품으로 나름의 가치가 있습니다. 화려한 액션보다는 SF에 담긴 철학을 좋아하는 사람이라면 꼭 한번 보기를 추천합니다.

로봇과 함께하는 세상을
만들기 위한 조건

네이버에 연재됐던 웹툰 '나노리스트'를 혹시 본 분이 계실지요. 비록 영화는

아닙니다만, '로봇과 함께 살아가는 세상'에 대해 이야기할 때 자주 언급하는

작품입니다. 이 만화의 주인공 '나노'는 '안도진'이라는 남자가 소유한 인간형

로봇입니다. 사람과 너무나 똑같이 생겨 언뜻 보면 누구도 로봇이라고 생각하

지 못하지요. 작품 속에서 나노와 같은 로봇을 '안드로이드'라고 부르는데, 이

들은 사람 못지않게 똑똑하며 나름의 성격과 개성도 있습니다. 나노의 성격은

다혈질이지요. 불같이 화를 내기도 하고, 짜증을 내거나 투덜거리기도 잘합니

다. 체구가 아담하고, 얼굴도 예쁘고 귀여워 주위 사람들에게 인기도 많습니다.

그런데 사실 나노의 정체는 무시무시한 전쟁 병기입니다. 나노라는 이름이 붙

은 까닭은 말 그대로 '나노(nano=10억분의 1)' 미터 크기의 미세한 입자를 자

유자재로 다룰 수 있기 때문입니다. 손에서 검은 나노입자를 꺼내 공격하면

상대방이 흔적도 없이 사라지게 됩니다. 나노의 능력은 웬만한 작은 나라 하

나와 싸워도 지지 않을 것처럼 나옵니다. 이런 로봇이 인간과 함께 웃고 떠들면서 가족처럼 살아가는 일이 과연 가능할까요? 작가는 그런 이야기를 하고 싶었던 것 같습니다.

비슷한 설정을 가진 작품으로는 1950년대에 일본의 만화작가 '데츠카 오사무'가 그린 『철완아톰』이 있습니다. 이 작품의 세계관은 나노리스트와 비슷한 점이 많습니다. 이런 로봇과 함께 살아가는 세계관은 여기서 처음 등장한 것 같습니다. 주인공 '아톰'은 무시무시한 힘을 갖고 세상을 구하기 위해 종횡무진 활약하지요.

『철완아톰』에서는 로봇을 사람과 대등하고 자유의지를 가진 존재로 그립니다. 아톰도 어린아이처럼 생겼고, 자유의지를 갖고 인간과 친구처럼 지냅니다. 이런 점은 나노리스트도 마찬가지지만, 다만 '나노리스트'는 『철완아톰』과 달리 로봇을 인간의 '소유물'로 보는 모습이 자주 나옵니다. 한 예로, '나노리스트'에선 누구나 돈만 주면 안드로이드를 구매할 수 있지요.

하지만 '나노리스트'에서 로봇은 TV나 스마트폰 같은 여느 소유물과는 다른 면이 있습니다. 로봇이 사회 곳곳에서 인간처럼 일하고 있으니까요. 식당 종업원도, 건물을 지키는 경비원도, 심지어 학교 선생님을 하기도 합니다. 어떤 로봇은 대기업의 임원입니다. 많은 인간의 상사로 근무하지요. 로봇을 대하는 태도도 사람마다 다릅니다. 어떤 사람은 정말 친가족처럼 대하고, 어떤 사람은 그저 고성능 기계장치로 치부해 차갑게 대합니다. 소유물이면서도 함께 살아가는 존재로도 비춰지는 것입니다.

먼 옛날에는 노예제도가 있었습니다. 우리나라에선 '노비'라고 불렀지요. 노예는 보통 사람과 같은 권리를 가지지 못했습니다. 사람이지만 다른 사람이 가진 '소유물', 즉 재산이었던 겁니다. 사람이 사람을 소유한다는 사실이 지금 생각하면 참 어이없습니다. 그러나 만약 사람이 아닌 존재, 즉 '로봇'이라면 어떨까요? 과거의 제도를 그대로 적용해도 괜찮지 않을까요?

'나노리스트'는 이런 설정을 충실히 따르고 있는 것 같습니다. 작품 속 로봇의 지위나 권한은 어디까지나 그 로봇을 구입한 인간이 누구냐에 따라 바뀝니다. 대기업 회장이 소유한 로봇은 자신을 따르는 또 다른 로봇, 심지어 사람까지 부하직원으로 부리며 인간보다 더 큰 권한을 행사합니다. 마치 조선 시대에 왕궁이나 지체 높은 집안의 노비는 생활에 부족함이 없이 잘살 수 있으며, 개인적으로 노비를 또다시 부릴 수 있었던 것과 비슷한 설정이지요.

많은 만화, 영화에서 로봇이 인간에게 반항하는 암흑사회를 그리다 보니 "과학자나 정치가들이 무분별하게 뛰어난 성능을 가진 로봇을 개발하면 언젠가 파멸에 이를지도 모른다."는 생각도 많이 하는 듯합니다. 실제 그런 사람들은 어떤 생각을 하고 있을까요?

세계 각국의 대통령, 수상, 과학 기술자 등 국가를 이끄는 사람들이 모여 세계의 나아갈 방향을 논의하는 유엔(UN, 국제연합) 회의에서 수시로 논의하는 주제 중 하나가 '킬러 로봇 개발을 막자'는 것입니다. 인공지능이 자동으로 전쟁을 수행할 수 있는 첨단 무기 개발을 막기 위한 법과 제도를 만들자는 것이지요. 아직 명확히 정해진 것은 없습니다만, 전쟁용 로봇을 개발하더라도 결국

사람이 조종하는 형태로 만들어야 한다는 의견이 힘을 얻고 있습니다. 즉 사람이 직접 조종간을 잡고 움직이는 로봇이 아니면 안 된다는 것이지요.

만약 이런 약속을 어기는 사람이나 단체가 나타나면 어떻게 될까요? 2018년, 우리나라 KAIST(한국과학기술원)에서 민간 군수업체인 한화시스템과 공동으로 '국방인공지능융합연구센터'를 만든 적이 있습니다. 전쟁용 인공지능 로봇을 만들자는 것이 아니라, 인공지능 기술을 연구하고, 이를 통해 로봇이나 군사용 무기 제작 기술을 발전시키기 위한 연구센터지요.

그런데 이것을 외국의 유명한 로봇 과학자들이 오해해서 "한국에서 위험한 연구를 한다. 이 연구를 막아야 한다."고 생각하게 되었습니다. 결국 50명이 넘는 해외 유명 과학자들이 공동으로 "앞으로 KAIST와 함께 공동연구를 하지 않겠다."고 발표하기에 이릅니다. '그런 나쁜 연구를 하는 곳은 고립시키겠다'고 통보한 셈이지요.

문제가 심각해지자 KAIST는 총장님이 직접 나서서 과학자 50명에게 모두 e메일을 보냅니다. 일일이 "킬러 로봇을 만들 생각이 없고, 순수하게 과학 기술을 연구하는 곳이다."라고 해명했지요. 외국 과학자들은 이 해명을 들은 다음에야 "오해가 풀려서 다행이며, 앞으로도 KAIST와 협력적으로 연구하겠다."고 하며 사태가 일단락되었지요.

이런 행동들을 보면 과학자나 정치가들 역시 사람들의 우려만큼 인공지능 로봇의 위험성을 잘 알고 있고, 거기에 대비할 방법도 고민하고 있음을 알 수 있습니다.

많은 각본가들은 그 답을 미리 생각해 보며 오늘도 상상의 나래를 펴고, 연출가들은 그 줄거리를 멋진 영화로 만들고 있습니다. 많은 영화의 장면 중 일부는 분명 우리가 앞으로 살아가야 할 미래의 모습을 담고 있겠지요. 그러니 우리가 과학과 기술을 충분히 이해하고 고민한다면, 앞으로 우리가 볼 수많은 영화는 훨씬 더 재미있고, 더 큰 의미로 다가오게 될 것입니다. 사실 꼭 영화만 그런 것은 아니에요. 과학과 기술을 알고 있으면 세상의 모든 것이 훨씬 더 명확하고, 더 즐거워진답니다.